Aufsätze

aus dem Gebiete

der

höhern Mathematik

von

Dr. M. Ohm,

Mitglied mehrer gelehrten Gesellschaften.

Berlin, 1823.

Gedruckt und verlegt

bei G. Reimer.

Vorwort.

Der Verfasser hat die hier aufgenommenen Gegenstände mit mehreren andern zugleich bereits im vorigen Jahre bearbeitet, um sie späterhin an ihrem Orte den folgenden Theilen seines: Versuches eines vollkommen consequenten Systems der Mathematik (wovon die beiden ersten Bände, niedere, und einen Theil der höhern Analysis enthaltend, bereits zu Ostern 1822 erschienen sind) einzuverleiben. Er glaubte indessen dem Wunsche treugesinnter Freunde und seinem eigenen nachgeben, und einen kleinen Theil dieser Arbeiten schon jetzt bekannt machen zu dürfen.

Die Summation in der dritten Abtheilung dieser Bogen hat der Verfasser bereits einigen der hiesigen Mathematiker gelegentlich mitgetheilt, noch ehe die, denselben Gegenstand betreffende Abhandlung des Herrn Tralles (unter denen der Königl. Akademie d. W. zu Berlin für die Jahre 1820 — 21.) erschienen war. Er nimmt daher um so weniger Anstand seine Arbeit hier einzurücken, da sie vor der des Herrn Tralles nicht bloſs wegen der weit gröſsern Einfachheit der angewandten Methode, sondern vorzüglich wegen der gröſsern Allgemeinheit der Resultate, nicht unwesentliche Vorzüge zu haben scheint. Herr Tralles gelangt nehmlich von einer dem Anschein nach zufällig sich ergebenden besondern Form, durch eine *n*fache Differentiation, und dann durch *n*faches Integriren zu einer etwas allgemeinern Form, die jedoch nur durch unvollkommene Induktion gefunden, und vermöge der für solche Fälle unschicklichen Methode, nur für ein ganzes *n* gültig ist, wie Herr Tralles dieses letztere selbst bemerkt. Die hier einfach summirte allgemeine Reihe umfafst die allgemeinste Form des Herrn Tralles und ist gültig für jedes n (ganz, gebrochen, reel oder imaginär).

Die Entwickelungen und Bemerkungen in der 1ten und 2ten Abtheilung dienen vielleicht nebenbei auch dazu, die Würdigung einiger andern der zuweilen sehr dunkel gehaltenen Arbeiten des Herrn Tralles (in den Abhandlungen der genannten Akademie, besonders für die Jahre 1804 — 1811. und 1812 — 13.) zu erleichtern; weil wenigstens festzustehen scheint, dafs ein grofser Theil der dort gelieferten Resultate als allgemein ungültig verworfen werden mufs.

Nach der Ueberzeugung des Verfassers ist das Inconsequente und Unwissenschaftliche, wenn es in der Mathematik gefunden wird, (nicht blofs zugleich das Verworrene und Dunkle, sondern) auch allemal das Unpraktische. Es ist daher ein folgerechtes Denken, eine genauere Kenntnifs der Mittel, deren man sich im Kalkul bedienen darf, und einige Sicherheit in ihrer Anwendung wichtiger, als ein mechanisches und gesetzloses Wühlen im Kalkul, welches nur eine vermeintliche Allgemeinheit, häufig aber Unrichtigkeit der Resultate geben kann. — Alles dieses scheint sich abermals zu bestätigen, wenn man aus der 4ten Abtheilung, welche die Summation von numerischen unendlichen Reihen enthält, diejenigen Reihen heraushebt, welche auch Herr Tralles in den genannten Abhandlungen im Allgemeinen betrachtet hat, und seine Resultate mit den hier aufgestellten vergleicht.

Weil aber ein Streben verfehlt zu nennen ist, welches dem Wissenschafts-Forscher bloſs Beispiele eines inconsequenten Denkens,*) und dem

---

*) Wir wollen nur ein einziges anführen. Es ist bekannt, daſs man die Duplicität der Zeichen z. B. in $\pm f(n)$, wenn solche von den Werthen von n abhängt, von der Form 4μ oder $4\mu + 2$, darstellen kann, sowohl durch $(\sqrt{-1})^n . f(n)$, als auch durch $\text{Cos.} \frac{n}{2} \pi . f(n)$. Wenn aber Herr Tralles daher Gelegenheit nimmt zu der in den genannten Abhandlungen mehrmal

praktischen Rechner, der sich auf solche vermeintlich allgemeingültige Resultate verlassen will, eine unendliche Quelle von Irrthümern aufschliefst; so mag man es verzeihlich finden, wenn der Verf. es für seine Pflicht hält, einer zwar bequemen aber verderblichen mystischen Willkühr auch dadurch entgegen zu würken, dafs er hier durch Hinweisung auf solche Arbeiten eine Vergleichung sowohl der Resultate, als insbesondere auch der Methoden möglich macht.

Wenn aber manche der hier aufgestellten Resultate von denen eines Euler und Lagrange abweichen, und der Verf. sich deshalb genöthigt gesehen hat, aufser den Gründen für die Richtigkeit seiner Entwickelungen auch noch à posteriori oder à priori nachzuweisen, dafs oder wo jene Männer sich geirrt haben dürften (dies

---

wiederholten Behauptung, (S. diejenigen für die Jahre 1820—21.) dafs im Allgemeinen $(\sqrt{-1})^n$ als einerlei genommen werden könne mit $\text{Cos.}\, n.\frac{\pi}{2}$, so kann solches nur gerechtes Staunen erregen.

mufste z. B. in Bezug auf die ganze 11te Vorlesung der Léçons sur le Calcul des fonctions, geschehen, in so ferne alle daselbst aufgestellten Resultate dem Verf. als allgemein ungültig erscheinen), so glaubt er dies doch mit derjenigen Bescheidenheit gethan zu haben, welche die Achtung gegen so ausgezeichnete Männer, deren Ruhm ohnedies unantastbar ist, ihm einflöfsen mufste.

Ferner glaubt der Verf. noch bemerken zu müssen, dafs er die Principien des hier angewandten etwas genauern Kalkuls aus den bereits erschienenen Theilen seines im Eingange schon erwähnten Lehrbuchs der Analysis entnommen hat; dafs mithin, hinsichtlich der Begründung dieser Principien, daselbst nachzusehen seyn dürfte.

Auch in der Mathematik sind Form und Materie innigst mit einander verbunden, und die Förderung dieser Wissenschaft von ihrer materiellen Seite ist von einer gründlichen Behandlung ihres formellen Theils (die für einen glücklichen Erfolg des Unterrichts ohnediefs unentbehrlich ist) nicht wenig abhängig. Der Verf. würde sich freuen, wenn die in der 4ten Abtheilung hingestellten neuen Resultate beitragen könnten, diese, wie es scheint noch zu wenig beherzigte Wahrheit, mehr an das Licht treten zu lassen.

Berlin an der Königl. Universität im August 1823.

Dr. M. Ohm.

NB. Weil eckige Klammern nicht in hinlänglicher Menge vorräthig waren, so mufsten von S. 81. ab die allgemeinen Glieder der Reihen, der angenommenen Bezeichnung entgegen, in runde Klammern eingeschlossen werden. In so ferne das jedesmal vorstehende S die Reihe anzeigt, wird jedoch dieses, hier bemerkt, dem Leser keine Unbequemlichkeit verursachen.

Erklärung der gebrauchten Zeichen.

I. Das Produkt

$$a(a+r)(a+2r)(a+3r)\dots[a+(m-1)r]$$

ist durchgehends durch das Kramp'sche Fakultätenzeichen $a^{m|r}$ vorgestellt, und unter den Lehrsätzen der Fakultäten sind hier vorzüglich diese vier gebraucht:

1) $a^{m|r} = [a+(m-1)r]^{m|-r}$

2) $a^{m+n|r} = a^{m|r}.(a+mr)^{n|r}$

3) $a^{m-n|r} = \frac{a^{m|r}}{[a+(m-n)r]^{n|r}}$

4) $h^m.a^{m|r} = (ha)^{m|hr}$

und noch der binomische Lehrsatz für Fakultäten; alle jedoch nur unter der Voraussetzung, daſs die Exponenten ganze positive Zahlen oder Null sind.

II. Das Produkt $1.2.3.4\dots m$, oder richtiger die Fakultät $1^{m|1}$ oder $m^{m|-1}$, wird hier immer bezeichnet durch die Kramp'schen Zeichen

$$m' \text{ oder } m!$$

so daſs $0' = 1' = 1$; $2' = 2$; $3' = 6$; $4' = 24$; u. s. w. f.

III. Die Binomial-Koefficienten der m^{ten} Potenz (z. B. von $a+b$) werden bezeichnet durch

$$m_0,\ m_1,\ m_2,\ m_3,\ m_4 \ldots\ldots m_n,\ \text{u. s. w. f.},$$

so daſs $m_n = \frac{m^{n|-1}}{n'} = \frac{m(m-1)(m-2)\ldots[m-(n-1)]}{1\,.\,2\,.\,3\ \ldots\ n}$

IV. Die Reihen (endliche und unendliche) sind hier meist nur durch ihr allgemeines Glied vorgestellt, so daſs dem allgemeinen Gliede noch das Summenzeichen S vorgesetzt wird. Der gröſsern Deutlichkeit und der leichtern Uebersicht wegen, ist der Zeiger im allgemeinen Gliede immer durch einen Buchstaben des **deutschen** Alphabets ausgedrückt, so daſs man ihn daran sogleich erkennen kann. — Auf diese Weise drücken wir z. B. den binomischen Lehrsatz so aus:

1) $(a+b)^m = S.[m_{\mathfrak{a}}.a^{m-\mathfrak{a}}.b^{\mathfrak{a}}]$, wo m willkührlich, oder auch so:

2) $(a+b)^m = S.\underset{\mathfrak{a}+\mathfrak{b}\,=\,m}{[m_{\mathfrak{b}}.a^{\mathfrak{a}}.b^{\mathfrak{b}}]}$, wenn m eine ganze Zahl,

wo die untergesetzte Gleichung, da die deutschen Buchstaben veränderliche Werthe vorstellen, aber nie andere als Null oder absolute ganze Zahlen, nichts weiter ausdrückt, als daſs, während $\mathfrak{a}$ nach und nach die Werthe 0, 1, 2, 3, ... bis m erhält, $\mathfrak{b}$ zu jedem Werth von $\mathfrak{a}$ denjenigen erhalten soll, der den von $\mathfrak{a}$ zu der (ganzen) Zahl m ergänzt.

Andere Formen des binomischen Lehrsatzes sind noch:

3) $(a+b)^m = S . \left[\frac{(\mathfrak{a}+\mathfrak{b})'}{\mathfrak{a}' . \mathfrak{b}'} . a^{\mathfrak{a}} . b^{\mathfrak{b}}\right]_{\mathfrak{a}+\mathfrak{b}=m}$, wenn m eine ganze Zahl,

4) $(a+b)^m = S . \left[\frac{m^{\mathfrak{b}|-1}}{\mathfrak{b}'} . a^{m-\mathfrak{b}} . b^{\mathfrak{b}}\right]$, wenn m allgemein, u. dergl. mehr.

Der binomische Lehrsatz für Fakultäten ergiebt sich aber aus dem für Potenzen, wenn man in dem letzteren überall Fakultäten mit einer und derselben Differenz r, statt der Potenzen setzt. — So hat man also auch:

$$5) \begin{cases} (a+b)^{m|r} = S . [m_{\mathfrak{a}} . a^{m-\mathfrak{a}|r} b^{\mathfrak{a}|r}] \\ \quad = S . \left[\frac{m^{\mathfrak{a}|-1}}{\mathfrak{a}'} . a^{m-\mathfrak{a}|r} . b^{\mathfrak{a}|r}\right] \end{cases}$$

oder auch

$$6) \ (a+b)^{m|r} = S . \left[\frac{m'}{\mathfrak{a}' . \mathfrak{b}'} . a^{\mathfrak{a}|r} . b^{\mathfrak{b}|r}\right]_{\mathfrak{a}+\mathfrak{b}=m}$$

$$7) \ \frac{(a+b)^{m|r}}{m'} = S . \left[\frac{a^{\mathfrak{a}|r} . b^{\mathfrak{b}|r}}{\mathfrak{a}' . \mathfrak{b}'}\right]_{\mathfrak{a}+\mathfrak{b}=m};$$

wo aber in den (nn. 5. 6. u. 7.) m immer eine absolute ganze Zahl vorausgesetzt wird. *)

V. Von den höhern trigonometrischen Relationen gebrauchen wir hier vorzüglich nachstehende:

---

*) Eine Theorie dieser Summenzeichen findet man in der trefflichen Schrift: Theorie der comb. Integrale, von H. A Rothe, Professor zu Erlangen. Nurnberg 1820.

$$1)\quad \begin{cases}(\text{Cos.}\, x + \sqrt{-1}\,.\,\text{Sin.}\, x)^m \\ \quad = \text{Cos.}\, mx + \sqrt{-1}\,.\,\text{Sin.}\, mx\end{cases}$$

$$2)\quad \begin{cases}(\text{Cos.}\, x + \sqrt{-1}\,.\,\text{Sin.}\, x)^m \\ \quad = \text{Cos}\, m(\pm 2n\pi + x) + \sqrt{-1}\,.\,\text{Sin}\, m(\pm 2n\pi + x)\end{cases}$$

wo das n rechts, die Null und alle ganzen Zahlen repräsentirt;

$$3)\quad \text{Cos.}\, x \pm \sqrt{-1}\,.\,\text{Sin.}\, x = e^{\pm x\sqrt{-1}}$$

$$4)\quad 2\,.\,\text{Cos.}\, x = e^{x\sqrt{-1}} + e^{-x\sqrt{-1}}$$

$$5)\quad 2\sqrt{-1}\,.\,\text{Sin.}\, x = e^{x\sqrt{-1}} - e^{-x\sqrt{-1}}$$

VI. Statt endlich, wenn dies wünschenswerth erscheinen sollte, uns in unnütze Weitläufigkeiten hinsichtlich der Aufzählung aller Werthe einer Potenz, z. B. $(2\,\text{Cos.}\, x)^m$ für jeden Werth von m, einzulassen, entlehnen wir hier lieber ein für allemal die allgemeine Formel dieser Werthbestimmung, und setzen sie her, welche dann für jeden gegebenen besondern Fall augenblicklich das gewünschte liefert. Diese ist aber:

$$\begin{cases}(P + Q\sqrt{-1})^{p + q\sqrt{-1}} = e^{p\,L.R - q(\pm 2n\pi + \varphi)} \\ \quad \times\big(\text{Cos.}\,[q\,L.R + p(\pm 2n\pi + \varphi)] + \\ \quad + \sqrt{-1}\,.\,\text{Sin}\,[q\,L.R + p(\pm 2n\pi + \varphi)]\big)\end{cases}$$

wo n rechts o und alle ganzen Zahlen vorstellt, während L den reelen Werth des natürlichen Logarithmen bezeichnet, R den absoluten Werth von $\sqrt{P^2 + Q^2}$, und φ den absolut kleinsten Bogen (im Längenmaaſse für den Radius 1), dessen Cosinus $= \frac{P}{R}$ und Sinus $= \frac{Q}{R}$ ist, wo endlich p, q, P, Q beliebig reele Ausdrücke (also auch Null) seyn können.

Setzt man in dieser Formel $Q = o$, und auch $q = o$, so erhält man alle Werthe von P^p ausgedrückt, durch die Formel

$$e^{pL.R} \times [\mathrm{Cos.}\, p(\pm 2n\pi + \Phi) + \sqrt{-1}\,.\,\mathrm{Sin.}\, p(\pm 2n\pi + \Phi)]$$

wo n Null und jede ganze Zahl vorstellt, während $\frac{Q}{R} = o$ und $\frac{P}{R} = \pm 1$, also $\Phi = \left\{ \begin{matrix} o \\ \pi \end{matrix} \right\}$ ist, je nachdem P positiv oder negativ; wo endlich statt $e^{pL.R}$ der reele Werth von R^p gesetzt werden kann.

Die Entwicklung dieser und ähnlicher allgemeinen Resultate kann auch noch in dem zweiten Theile des: Lehrbuchs der Analysis, Berlin 1822 (von demselben Verfasser) nachgesehen werden; so wie wir uns hinsichtlich der hier angewandten Theorie des Kalkuls ein für allemal auf dieses Lehrbuch berufen müssen.

Erste Abtheilung.

Ueber die Entwicklung der Potenzen von Sinus und Cosinus in Reihen, die nach Sinus und Cosinus der vielfachen Bogen fortgehen.

§. 1.

Der von Euler *) betretene Weg, diese Entwicklung zu erhalten, ist im wesentlichen folgender: Man setzt

$$\text{Cos.}\,x + \sqrt{-1}\,.\,\text{Sin.}\,x = y$$

und $$\text{Cos.}\,x - \sqrt{-1}\,.\,\text{Sin.}\,x = z,$$

und man hat $$y + z = 2\,.\,\text{Cos.}\,x,$$

so wie $$yz = 1.$$

Nun ist aber nach dem binomischen Lehrsatz $(y+z)^m$ = einer Reihe, deren n^{tes} Glied ausgedrückt wird, durch $m_n\,.\,y^{m-n}\,z^n$,

oder durch $m_n\,.\,y^{m-2n}(yz)^n$,

oder, weil $yz=1$, durch $m_n\,.\,y^{m-2n}$,

so daſs man hat

$$\text{I.}\quad (y+z)^m = S\,.\,[m_\alpha\,.\,y^{m-2\alpha}],$$

*) Novi Commentarii Acad. Petrop. t. V. 1755. p. 164.

wenn wir hier, und von nun an immer, durch das dem allgemeinen Gliede vorgesetzte S die Reihe selbst, so wie durch die deutschen Buchstaben diejenigen vorstellen lassen, welche nach und nach die Werthe o, 1, 2, 3, 4, etc. erhalten müssen.

Ferner ist bekanntlich

$$(\mathrm{Cos.}\,x + \sqrt{-1}\,.\,\mathrm{Sin}\,x)^p = \mathrm{Cos.}\,px + \sqrt{-1}\,.\,\mathrm{Sin.}\,px,$$

oder, wenn man $m - 2\mathfrak{a}$ statt p, und y statt $\mathrm{Cos.}\,x + \sqrt{-1}\,.\,\mathrm{Sin.}\,x$ setzt,

$$y^{m-2\mathfrak{a}} = \mathrm{Cos.}(m-2\mathfrak{a})\,x + \sqrt{-1}\,.\,\mathrm{Sin.}(m-2\mathfrak{a})x,$$

und wenn dies in (I) substituirt, und statt $y + z$ sein Werth $2\,\mathrm{Cos.}\,x$ gesetzt wird:

$$(2\,.\,\mathrm{Cos.}\,x)^m$$

$$= S\,.\,[m_{\mathfrak{a}}\,.\,(\mathrm{Cos.}(m-2\mathfrak{a})x + \sqrt{-1}.\mathrm{Sin.}(m-2\mathfrak{a})x)]$$

oder

$$\mathrm{II.}\left\{\begin{array}{l}(2\,.\,\mathrm{Cos.}\,x)^m = S\,.\,[m_{\mathfrak{a}}\,.\,\mathrm{Cos.}(m-2\mathfrak{a})\,x] + \\ \qquad + \sqrt{-1}\,.\,S\,.\,[m_{\mathfrak{a}}\,.\,\mathrm{Sin.}(m-2\mathfrak{a})\,.\,x].\end{array}\right.$$

Bezeichnet man hier die erste Reihe

$S\,.\,[m_{\mathfrak{a}}\,.\,\mathrm{Cos.}(m-2\mathfrak{a})x]$ durch X,

die andere $S\,.\,[m_{\mathfrak{a}}\,.\,\mathrm{Sin.}(m-2\mathfrak{a})x]$ durch Y,

so hat man

$$\mathrm{III.}\ (2\,.\,\mathrm{Cos.}\,x)^m = X + \sqrt{-1}\,.\,Y.$$

Es ist aber ferner nach dem binomischen Lehrsatz, wenn man $z + y$ statt $y + z$ nimmt,

$$\mathrm{IV.}\ (z+y)^m = S\,.\,[m_{\mathfrak{a}}\,.\,z^{m-2\mathfrak{a}}],$$

welches auch unmittelbar folgt, wenn man z und x in der Gleichung (I.) mit einander vertauscht.

Aber auch, wie oben

$$(\text{Cos.}\,x - \sqrt{-1}\,.\,\text{Sin.}\,x)^p = \text{Cos.}\,px - \sqrt{-1}\ \text{Sin.}\,px,$$

oder

$$\left\{\begin{array}{l}(\text{Cos.}\,x - \sqrt{-1}\,.\,\text{Sin.}\,x)^{m-2\alpha} \\ \quad = \text{Cos.}\,(m-2\alpha)x - \sqrt{-1}\,.\,\text{Sin.}\,(m-2\alpha)\,x;\end{array}\right.$$

folglich wenn man dies in (IV.) substituirt, und $2\,\text{Cos.}\,x$ statt $z+y$ schreibt:

$$\text{V.}\quad (2\,\text{Cos.}\,x)^m = X - \sqrt{-1}\,.\,Y;$$

wo X und Y dieselben Reihen vorstellen, wie in (III.).

Addirt man nun die Gleichungen (III.) und (V.), so erhält man

$$\text{VI.}\quad (2\,\text{Cos.}\,x)^m = X = S\,.\,[m_\alpha\,.\,\text{Cos.}\,(m-2\alpha)x],$$

und wenn dieselben Gleichungen von einander subtrahirt werden:

$$\text{VII.}\quad 0 = Y = S\,.\,[m_\alpha\,.\,\text{Sin.}\,(m-2\alpha)\,x].$$

§. 2.

Davon, daſs $Y = 0$ ist, wenn m eine absolute ganze Zahl, kann man sich noch auf folgende Art überzeugen. Es hat nehmlich die Reihe Y dann $m+1$ Glieder. Unter diesen ist das $(p+1)^{te}$ Glied vom Anfange

$= m_p\,.\,\text{Sin.}\,(m-2p)x$, und das $p+1^{te}$ Glied vom Ende ist das $(m-p+1)^{te}$ Glied vom Anfange, also auch $= m_{m-p}\,.\,\text{Sin.}\,[m-2(m-p)]\,x$

$$= m_{m-p}\,.\,\text{Sin.}\,[-(m-2p)\,x];$$

und diese beiden Glieder addirt geben Null, weil $m_p = m_{m-p}$ und $\text{Sin.}\,(-v) = -\text{Sin.}\,v$. Es heben sich also die gleichweit vom Anfange und vom Ende stehenden Glieder einander auf, und das mittlere Glied, welches in dem Falle übrig bleibt, in welchem $m+1$ eine ungerade, also m eine gerade Zahl, ist das $(\frac{1}{2}m+1)^{te}$ vom Anfang, also $= n^{(\frac{1}{2}m)} \cdot \text{Sin.}\, o \,.\, x = o$; mithin immer

$$Y = o.$$

§. 3.

La grange *) hat dieselbe Aufgabe ohngefähr, auf nachstehende Art zu lösen gesucht. Er setzt

$$\text{I.} \qquad y = (\text{Cos.}\, x)^m$$

und diese Gleichung differentiirt, giebt:

$$\frac{dy}{dx} = -m \,.\, (\text{Cos.}\, x)^{m-1} \,.\, \text{Sin.}\, x;$$

und wenn man $(\text{Cos.}\, x)^m$ eliminirt,

$$\text{II.} \qquad my \,.\, \text{Sin.}\, x + \text{Cos.}\, x \,.\, \frac{dy}{dx} = o.$$

Es kommt nun darauf an, irgend eine Reihe von gewünschter Form mit unbestimmten Koefficienten anzunehmen, und nachgehends diese Koefficienten so zu bestimmen, daſs diese Reihe statt y gesetzt, der Differentialgleichung (II.) genüge. Enthält dann diese Reihe noch eine unbestimmte Constante, so ist sie als das vollständige Integral auzusehen, so daſs die Constante nur noch zweckmäſsig bestimmt werden muſs, um das besondere Integral $(\text{Cos.}\, x)^m$, welches das vollständige umfassen muſs, zu liefern.

---

*) Leçons sur le Calcul des fonctions. Leçon XI.

La grange setzt daher

$$y = A.\mathrm{Cos}.nx + B.\mathrm{Cos}.(n-1)x + C.\mathrm{Cos}.(n-2)x + \\ + D.\mathrm{Cos}.(n-3)x + E.\mathrm{Cos}.(n-4)x + \ldots\ldots$$

wo n und A, B, C, D, etc. noch zu bestimmen sind.

Daraus folgt:

$$\frac{dy}{dx} = -[nA.\mathrm{Sin}.nx + (n-1)B.\mathrm{Sin}.(n-1)x + \\ + (n-2)C.\mathrm{Sin}.(n-2)x + \ldots.]$$

und wenn man diese Werthe statt y und $\frac{dy}{dx}$ in die Gleichung (II.) substituirt.

$$\text{III.}\quad m[A.\mathrm{Cos}.nx + B.\mathrm{Cos}.(n-1)x + \\ + C.\mathrm{Cos}.(n-2)x + \ldots.].\mathrm{Sin}.x \\ - [nA.\mathrm{Sin}.nx + (n-1).B.\mathrm{Sin}.(n-1)x + \\ + (n-2).C.\mathrm{Sin}.(n-2)x + \ldots].\mathrm{Cos}.x = 0;$$

oder, wenn mittelst der Formel

$$2.\mathrm{Sin}.x.\mathrm{Cos}.y = \mathrm{Sin}.(x+y) + \mathrm{Sin}.(x-y)$$

die Produkte der Sinus und Cosinus entwickelt und geordnet werden:

$$\left.\begin{array}{l} (mA-nA).\mathrm{Sin}.(n+1)x \\ +[mB-(n-1)B].\mathrm{Sin}.nx \\ +[mC-mA-(n-2)C-nA].\mathrm{Sin}.(n-1)x \\ +[mD-mB-(n-3)D-(n-1)B].\mathrm{Sin}.(n-2)x \\ +[mE-mC-(n-4)E-(n-2)C].\mathrm{Sin}.(n-3)x \\ + \text{ etc. etc. etc.} \end{array}\right\} = 0 \ldots \text{IV.}$$

Alle Werthe von n, A, B, C, D, ... welche nun dieser Gleichung genügen, genügen auch der Differentialgleichung (II.), entsprechen also der Forderung vollkommen. — La grange genügt aber dieser Gleichung (IV.), indem er setzt:

$$(m-n).A=0$$
$$(m-n+1).B=0$$
$$(m-n+2).C-(m+n)\quad.\quad A=0$$
$$(m-n+3).D-(m+n-1).B=0$$
$$(m-n+4).E-(m+n-2).C=0$$

u. s. w. f.

Und diesen Gleichungen genügt er wieder, indem er $m=n$, und dann aus ihnen B, C, D, E, etc. in A ausgedrückt findet; während A unbestimmt bleibt, mithin als die willkührliche Constante angesehen werden muſs. Man erhält dadurch

$$\text{V.}\quad y=A[\text{Cos.}\,mx+m_1.\text{Cos.}(m-2)x+ \\ +m_2.\text{Cos.}(m-4)x+\ldots.]$$

Zur Bestimmung der Constante A setzt man $x=0$, wo dann $y=1$ werden muſs, und erhält also

$$1=A.(1+m_1+m_2+m_3+\ldots)=A.(1+1)^m;$$

mithin $$A=\frac{1}{2^m}.$$

Auch La grange erhält daher auf diesem Wege, wie früher Euler

$$(2.\text{Cos.}\,x)^m=X,$$

also auch $$0=Y,$$

wobei La grange ausdrücklich bemerkt, daſs diese Entwicklung allgemein für jeden Exponenten m gelte.

§. 4.

Poiſson *) bemerkte, daſs diese dem Anschein nach so streng erwiesene Gleichung

$$(2.\text{Cos.}\,x)^m=X\qquad\text{oder}$$

*) Correspondance sur l'Ecole polytechnique. 1811. p. 212.

$$\text{I.} \left\{ \begin{array}{l} (2 . \text{Cos.}\, x)^m = \text{Cos.}\, mx + m_1 . \text{Cos.}\, (m-2)x + m_2 . \\ \qquad \text{Cos.}\, (m-4)x + \ldots . \end{array} \right.$$

nicht gilt, wenn $x = \pi$ und $m = \frac{1}{3}$ gesetzt wird; denn es ist dann

$$\text{Cos.}\, (m - 2a)x = \text{Cos.}\, (m\pi - 2a\pi) = \text{Cos.}\, m\pi,$$
$$\text{Cos.}\, x \quad = \quad \text{Cos.}\, \pi \qquad = \quad -1;$$

und die Gleichung (I.) giebt daher in diesem Falle

$$(-2)^{\frac{1}{3}} = \text{Cos.}\, \frac{\pi}{3} . [1 + (\tfrac{1}{3})_1 + (\tfrac{1}{3})_2 + (\tfrac{1}{3})_3 + \ldots]$$
$$= \text{Cos.}\, \frac{\pi}{3} . (1 + 1)^{\frac{1}{3}} = \text{Cos.}\, \frac{\pi}{3} \times 2^{\frac{1}{3}},$$

welches Resultat offenbar unrichtig ist, weil man bekanntlich hat

$$(-2)^{\frac{1}{3}} = 2^{\frac{1}{3}} . (-1)^{\frac{1}{3}} = 2^{\frac{1}{3}} . \left(\text{Cos.}\, \frac{\pi}{3} \pm \sqrt{-1} . \text{Sin.}\, \frac{\pi}{3} \right).$$

§. 5.

Dies gab Veranlassung zu wiederholten Versuchen, die allgemeine Gültigkeit oder Ungültigkeit der Gleichungen

$$(2 . \text{Cos}\, x)^m = X$$
$$\text{und} \qquad o = Y,$$

von denen die eine aus der andern nothwendig folgert, nachzuweisen. Lacroix *) bemerkt, daſs auf demselben Wege, auf welchem Lagrange seiner Differentialgleichung (§. 3. II.) durch dies allgemeine Integral

*) Traité du calcul differentiel et du calcul intégral. 2° Edit. T. 3me. p. 616.

$$y = A . X$$

genügte, ihr auch durch

$$y = B . Y,$$

folglich auch durch

$$y = A . X + B . Y$$

genügt werde, daſs aber dann der merkwürdige Umstand eintrete, daſs, obgleich die Differentialgleichung nur von der ersten Ordnung wäre, doch ein Integral mit zwei willkührlichen Constanten ihr genüge; den Principien des Integralkalkuls entgegen. — Doch läſst sich annehmen, daſs eine in der Natur der Sache gegründete Abhängigkeit der beiden Constanten A und B statt finde, so daſs nur noch eine von beiden als willkührliche Constante angesehen werden könne. Dies scheint sich auch zu bestätigen, wenn man bemerkt, daſs sowohl $y = X$, als auch $y = Y$ der Differentialgleichung (§. 3. II.) genügen, daſs man daher zu gleicher Zeit habe

$$\frac{dX}{dx} + mX . tg. x = 0$$

und

$$\frac{dY}{dx} + mY . tg. x = 0,$$

woraus dann folgt, wenn tg. x eliminirt wird,

$$X . dY - Y . dX = 0 \text{ oder } \frac{dX}{X} = \frac{dY}{Y},$$

welches integrirt, giebt:

$$Y = CX \quad \text{oder} \quad X = D . Y,$$

so daſs dadurch das Integral

$y = A . X + B . Y$ übergeht in

$y = (A + BC) . X$, oder in $y = (AD + B) . Y$, d. h. in $y = E . X$, oder in $y = F . Y$, wo die Constanten E und F noch bestimmt werden müssen. — Für $x = 0$, also $y = 1$, erhält man aber: $E = \frac{1}{2^m}$ und $F = \frac{1}{0}$; weshalb das zweite Integral, als hier unbrauchbar, verworfen, das erste aber beibehalten werden muſs. Dieses liefert aber wieder, und zwar für jeden Werth von m,

$$(2 \operatorname{Cos.} x)^m = X \quad \text{und} \quad 0 = Y,$$

was auch Euler und Lagrange gefunden haben.

§. 6.

Déflers *) stellt über diesen Gegenstand folgende Betrachtungen an: Man hat, was auch x seyn mag,

$$(\operatorname{Cos.} x)^m = \left(1 - \frac{x^2}{2'} + \frac{x^4}{4'} + \frac{x^6}{6'} + \ldots\right)^m$$

$$= 1 + Ax^2 + Bx^4 + Cx^6 + \ldots,$$

wo A, B, C, etc. constant, d. h. von x unabhängig und reel sind. Hieraus glaubt nun Déflers folgern zu müssen, daſs der von Poiſson aufgestellte Ausdruck

$$(2 \operatorname{Cos.} x)^m = X + \sqrt{-1} . Y$$

nur dann richtig seyn könne, wenn $Y = 0$ ist, also wenn er in den andern

$$(2 \operatorname{Cos.} x)^m = X$$

übergehe, weil nur dann in der Entwicklung

*) La croix Traité du Calcul diff. et int. T. III. p. 616. sqq.

von $(2\,\mathrm{Cos.}\,x)^m$ nach ganzen und steigenden Potenzen von x, bloſs die geraden Potenzen von x vorkommen, und die Entwicklung selber die Eigenschaft erhalte, durch die Substitution von $-x$ statt x, nicht verändert zu werden, wie solches dem Ausdruck $(2\,\mathrm{Cos.}\,x)^m$ zukommt.

§. 7.

Daſs aber $Y = 0$ seyn müsse, sucht Déflers noch durch folgenden direkten Beweis auſser Zweifel zu setzen. Da nehmlich Y die Reihe bedeutet

$$\mathrm{Sin.}\,mx + m_1 . \mathrm{Sin.}(m-2)\,x + m_2 . \mathrm{Sin.}(m-4)\,x + \ldots,$$

so findet man sogleich, wenn man statt der Sinus, die nach den Potenzen von x fortlaufenden Reihen setzt und ordnet:

$$\begin{aligned} Y = & \frac{x}{1}\Big(m + m_1 . (m-2) + m_2 . (m-4) + m_3 . (m-6) + \ldots\Big) \\ & - \frac{x^3}{3'}\Big(m^3 + m_1 . (m-2)^3 + m_2 . (m-4)^3 + m_3 . (m-6)^3 + \ldots\Big) \\ & + \frac{x^5}{5'}\Big(m^5 + m_1 . (m-2)^5 + m_2 . (m-4)^5 + m_3 . (m-6)^5 + \ldots\Big) \\ & + \quad \text{etc.} \quad \text{etc.} \end{aligned}$$

so daſs das allgemeine Glied zum Koefficienten hat, die Reihe:

$$m^p + m_1 . (m-2)^p + m_2 . (m-4)^p + m_3 . (m-6)^p + \ldots,$$

wo p eine ungerade Zahl bedeutet. Um diese Reihe zu summiren, betrachte man die Funktion

$$T_p = m^p . t^m + m_1 . (m-2)^p . t^{m-2} + m_2 . (m-4)^p . t^{m-4} + \ldots$$

aus welcher sie für $t = 1$ hervorgeht. Man findet dann leicht

$$\frac{d.T_p}{dt} = \frac{T_{p+1}}{t}, \text{ oder } T_{p+1} = t.\frac{d.T_p}{dt}.$$

Setzt man hier nach und nach $p = 0, 1, 2, 3$, etc., so erhält man:

$$T_1 = t.\frac{d.T_0}{dt}, \quad T_2 = t.\frac{d.T_1}{dt}, \quad T_3 = t.\frac{d.T_2}{dt}, \text{ etc.}$$

wo

$T_0 = t^m + m_1.t^{m-2} + m_2.t^{m-4} + m_3.t^{m-6} + .. = (t + t^{-1})^m$ ist; und man erleichtert sich die Bestimmung von T_1, T_2, etc., wenn man $t + t^{-1} = z$

und $t.\frac{dz}{dt} = t.(1 - t^{-2}) = t - t^{-1} = v$ setzt,

so daſs $T_0 = z^m$, und für $t = 1$, noch $z = 2$ und $v = 0$ wird. Es ergiebt sich dann augenblicklich:

$$T_1 = \frac{t.d.(z^m)}{dt} = m.z^{m-1}.t\frac{dz}{dt} = m.z^{m-1}.v$$

$$T_2 = t.\frac{dT_1}{dt} = m(m-1).z^{m-2}.v^2 + m.z^m,$$

$$\left(\text{weil } \frac{dv}{dt} = z\right)$$

$$T_3 = t.\frac{dT_2}{dt} = m(m-1)(m-2).z^{m-3}.v^3 +$$
$$+ [2m.(m-1) + m^2].z^{m-1}.v;$$

u. s. w. f.;

in welchen Ausdrücken die Summe der Exponenten von z und v, $= m$ ist, während der höchste Exponent von v dem Zeiger an T gleich kommt, und diese Exponenten von Glied zu Glied um zwei Einheiten sich verändern, so daſs alle ihre Glieder für $t = 1$ (weil dann $v = 0$ ist) verschwinden müssen, wenn p ungerade, dagegen nur bis auf das letzte verschwinden, wenn p gerade ist; welches Gesetz leicht bis ins Unendliche nachgewiesen werden kann Es ist also immer

$T_p = 0$ für $t = 1$ und p eine ungerade Zahl; folglich ist immer, wenn p eine ungerade Zahl

$$m^p + m_1 . (m-2)^p + m_2 . (m-4)^p + m_3 . (m-6)^p + \ldots = 0,$$

für jeden Werth von m; also auch immer

$Y = 0$, dahero auch $(2 \operatorname{Cos.} x)^m = X$.

§. 8.

Plana *) (Professor der Astronomie zu Turin) behauptet auch, Y wäre immer $= 0$, den einzigen Fall ausgenommen, wenn $x = \pi$, den aber sein Beweis selbst angebe. Es ist nehmlich:

$$\operatorname{Sin.} x = \frac{e^{x\sqrt{-1}} - e^{-x\sqrt{-1}}}{2\sqrt{-1}}$$

also

$$Y = \frac{1}{2\sqrt{-1}} \times$$

$$\left\{ \begin{array}{l} e^{mx\sqrt{-1}} + m_1 . e^{(m-2)x\sqrt{-1}} + m_2 . e^{(m-4)x\sqrt{-1}} + \ldots \\ - e^{-mx\sqrt{-1}} - m_1 . e^{-(m-2)x\sqrt{-1}} - m_2 . e^{-(m-4)x\sqrt{-1}} - \ldots \end{array} \right\}$$

oder

$$Y = \frac{e^{mx\sqrt{-1}}}{2\sqrt{-1}} (1 + e^{-2x\sqrt{-1}})^m - \frac{e^{-mx\sqrt{-1}}}{2\sqrt{-1}} (1 + e^{2x\sqrt{-1}})^m,$$

*) Annales de Mathématiques p. Gergonne. 1820. 21.

wie sich sogleich einsehen läſst, wenn man auf diesen letztern Ausdruck den binomischen Lehrsatz anwendet. Es ist aber

$$e^{\pm 2x\sqrt{-1}} = \text{Cos.}\,2x \pm \sqrt{-1}\,.\,\text{Sin.}\,2x$$
$$= 2(\text{Cos.}\,x)^2 - 1 \pm 2\sqrt{-1}\,.\,\text{Sin.}\,2x;$$

also auch:

$$Y = \frac{(2\,\text{Cos.}\,x)^m\,.\,e^{mx\sqrt{-1}}}{2\sqrt{-1}}(\text{Cos.}\,x - \sqrt{-1}\,.\,\text{Sin.}\,x)^m$$
$$- \frac{(2\,\text{Cos.}\,x)^m\,.\,e^{-mx\sqrt{-1}}}{2\sqrt{-1}}(\text{Cos.}\,x + \sqrt{-1}\,.\,\text{Sin.}\,x)^m.$$

Und weil $e^{\pm mx\sqrt{-1}} = \text{Cos.}\,mx \pm \sqrt{-1}\,.\,\text{Sin.}\,mx$, so wie $(\text{Cos.}\,x \pm \sqrt{-1}\,.\,\text{Sin.}\,x)^m = \text{Cos.}\,mx \pm \sqrt{-1}\,.\,\text{Sin.}\,mx$ auch

$$(\mathfrak{C}).\,Y = \frac{(2\,\text{Cos.}\,x)^m}{2\sqrt{-1}}(\text{Cos.}\,mx + \sqrt{-1}\,.\,\text{Sin.}\,mx) \times (\text{Cos.}\,mx - \sqrt{-1}\,.\,\text{Sin.}\,mx)$$
$$- \frac{(2\,\text{Cos.}\,x)^m}{2\sqrt{-1}}(\text{Cos.}\,mx - \sqrt{-1}\,.\,\text{Sin.}\,mx) \times (\text{Cos.}\,mx + \sqrt{-1}\,.\,\text{Sin.}\,mx)$$

d. h. $Y = 0$, es mag m eine ganze oder gebrochene Zahl seyn. — Plana meint nun aber ferner, daſs diese letztere Folgerung aufhöre, wenn $x = \pi$, und glaubt, daſs diese Ausnahme in seinem Beweise bereits liege.

§. 9.

Wir überheben uns, Weiteres aus der Abhandlung des Herrn Plana zu berichten, da es uns scheint, als wenn alles, was er in der Abhandlung als Endresultat herausbringt, weder auf Neuheit noch auf Gründlichkeit Anspruch machen könne. Dafs die Ausnahme für $x = \pi$ aus der Formal (☾) nicht hervorgehe, fällt in die Augen; dafs sie nicht die einzige Ausnahme sey, wie Plana nach Poifson meinte, ersieht man ebenfalls sogleich, weil, was $x = \pi$ liefert, auch eben so für $x = \pm(2n+1).\pi$ hervorgeht.

Beweise ähnlicher Art, dafs $Y = 0$ sey, liefsen sich noch mehre darlegen. Am einfachsten und zugleich der direkteste, scheint folgender zu seyn:

Es bezeichnet nehmlich Y die Reihe

$$S.[m_\alpha.\text{Sin}.(m-2\alpha)x],$$

so dafs $2\sqrt{-1}.Y = S.[m_\alpha.2\sqrt{-1}.\text{Sin}.(m-2\alpha)x]$.

Nun ist aber

$$2\sqrt{-1}.\text{Sin}.(m-2\alpha)x = e^{(m-2\alpha)x\sqrt{-1}} - e^{-(m-2\alpha)x\sqrt{-1}},$$

folglich wenn man dies substituirt:

$$(\odot)\ 2\sqrt{-1}.Y = S[m_\alpha.e^{(m-2\alpha)x\sqrt{-1}}] - S.[m_\alpha.e^{-(m-2\alpha)\sqrt{-1}}].$$

Nach dem binomischen Lehrsatze hat man dagegen:

$$(e^{x\sqrt{-1}} + e^{-x\sqrt{-1}})^m = S.[m_\alpha.(e^{x\sqrt{-1}})^{m-\alpha}.(e^{-x\sqrt{-1}})^\alpha]$$
$$= S.[m_\alpha.e^{(m-\alpha)x\sqrt{-1}}.e^{-\alpha x\sqrt{-1}}]$$
$$= S.[m_\alpha.e^{(m-2\alpha)x\sqrt{-1}}].$$

Eben so findet man nach demselben Lehrsatze:

$$(e^{-x\sqrt{-1}} + e^{x\sqrt{-1}})^m = S.[m_\alpha.e^{-(m-2\alpha).x\sqrt{-1}}].$$

Substituirt man nun diese Werthe in die Gleichung ($\odot$), so erhält man:

$$2\sqrt{-1}.Y = 0 \quad \text{oder} \quad Y = 0,$$

wie es scheint, für jeden Werth von x und von m.

sollen. Es sind also alle p Werthe von $(2 \text{ Cos. } x)^{\frac{1}{p}}$ enthalten in der Formel

$$1)\ (X + \sqrt{-1}\,.\,Y)\,.\left(\text{Cos.}\,\frac{2n\pi}{p} + \sqrt{-1}\,.\,\text{Sin.}\,\frac{2n\pi}{p}\right),$$

aber auch in der Formel

$$2)\ (X - \sqrt{-1}\,.\,Y)\,.\left(\text{Cos.}\,\frac{2v\pi}{p} + \sqrt{-1}\,.\,\text{Sin.}\,\frac{2v\pi}{p}\right).$$

Dann muſs jedoch einer der p Werthe in (1.) einem der p Werthe in (2.) gleich seyn; also muſs es immer zu jedem Werth von n einen zugehörigen Werth von v geben, so daſs dann

$$(X + \sqrt{-1}\,.\,Y)\,.\left(\text{Cos.}\,\frac{2n\pi}{p} + \sqrt{-1}\,.\,\text{Sin.}\,\frac{2n\pi}{p}\right)$$

$$= (X - \sqrt{-1}\,.\,Y)\,.\left(\text{Cos.}\,\frac{2v\pi}{p} + \sqrt{-1}\,.\,\text{Sin.}\,\frac{2v\pi}{p}\right),$$

wo die Abhängigkeit des v von n noch zu bestimmen bleibt. Multiplicirt man aber links und rechts, und setzt die reelen und die imaginären Theile einzeln einander gleich, wie man dies immer zu thun pflegt, so erhält man hieraus:

$$3)\ X\,.\,\text{Cos.}\,\frac{2n\pi}{p} - Y\,.\,\text{Sin.}\,\frac{2n\pi}{p}$$

$$= X\,.\,\text{Cos.}\,\frac{2v\pi}{p} + Y\,.\,\text{Sin.}\,\frac{2v\pi}{p}$$

und

$$4)\ X\,.\,\text{Sin.}\,\frac{2n\pi}{p} + Y\,.\,\text{Cos.}\,\frac{2n\pi}{p}$$

$$= X\,.\,\text{Sin.}\,\frac{2v\pi}{p} - Y\,.\,\text{Cos.}\,\frac{2v\pi}{p},$$

welche beide Gleichungen identisch seyn müssen, wenn man nur zu jedem Werth von n, den zugehörigen Werth von v nimmt. Weil aber diese Gleichungen (3.) und (4.) für jeden Werth von x, also auch für $x = o$, wo dann auch $Y = o$ ist, gelten müssen, so muſs nothwendig seyn

$$\text{Cos.} \frac{2n\pi}{p} = \text{Cos.} \frac{2v\pi}{p}$$

$$\text{und} \quad \text{Sin.} \frac{2n\pi}{p} = \text{Sin.} \frac{2v\pi}{p};$$

und diese Werthe in (3.) und (4.) gesetzt, geben

$$2Y \,.\, \text{Sin.} \frac{2n\pi}{p} = o$$

$$\text{und auch} \quad 2Y \,.\, \text{Cos.} \frac{2n\pi}{p} = o;$$

also wenn man beide letztern Gleichungen quadrirt und addirt, auch

$$4Y^2 = o \quad \text{und} \quad Y = o,$$

$$\text{wenn} \quad m = \frac{1}{p} \text{ ist.}$$

§. 12.

Aus allen diesen Entwicklungen scheint also hervorzugehen, daſs im allgemeinen

$$(2\,\text{Cos.}\,x)^m = X \quad \text{und} \quad o = Y$$

ist, wie Euler und La grange gefunden haben, und man könnte sich vielleicht berechtigt glauben, die offenbaren Ausnahmen nicht bloſs für $x = \pi$, sondern für $x = \pm(2n + 1)\pi$, aus demselben Gesichtspunkt zu betrachten, aus welchem man die allgemeine Gültigkeit mehrerer anderer Sätze, z. B. des Taylor'schen Lehrsatzes, zuläſst, wenn er auch in besondern Fällen Ausnahmen zu erleiden scheint.

Auf der andern Seite dagegen liefern diese letzterwähnten Sätze, z. B. der Taylor'sche, in diesen besondern Fällen doch eigentlich nicht unrichtige Resultate, sondern, wie es scheint, mehr unbrauchbare, oder es zeigt vielmehr die unbrauchbare Form, unter der sie nun erscheinen, an, daſs dieser Fall eine Ausnahme bilde, wie sich auch wohl strenge beweisen läſst; während die hiesigen Ausnahmen geradezu, nicht eine unbrauchbare oder einen Widerspruch anzeigende Form, sondern wirklich ein unrichtiges Resultat liefern.

§. 13.

Was aber vor uns nicht erwiesen zu seyn scheint, daſs nehmlich die Gleichungen $Y = 0$, also auch $X = (2 \operatorname{Cos.} x)^m$ nicht bloſs unendlich viele Ausnahmen erleiden, für besondere Werthe von x; sondern daſs diese Gleichungen wirklich im Allgemeinen unrichtig sind, und keineswegs allgemein zugelassen werden dürfen, sondern im Gegentheil nur in Ausnahmsfällen gelten, scheint uns unwiderstehlich zu zwingen, die vorige Ansicht zu verlassen, und anzunehmen, daſs in allen den vorhergehenden Beweisen und Entwicklungen an irgend einer Stelle ein unrichtiger Schlufs gezogen sey, der dann auch das unrichtige Resultat zu Wege gebracht habe.

Nehmen wir nehmlich an, dafs im allgemeinen $Y = 0$ oder $S.[m_\alpha . \text{Sin.}(m-2\alpha)x] = 0$, also dann auch $X = (2\,\text{Cos.}\,x)^m$ sey, so müfste dies auch noch der Fall seyn, wenn $\pi + x$ statt x gesetzt würde. Es ist aber

$$\text{Sin.}[(m-2\alpha(\pi+x)] = \text{Sin.}[m\pi+(m-2\alpha)x]$$
$$= \text{Sin.}\,m\pi . \text{Cos.}(m-2\alpha)x + \text{Cos.}\,m\pi . \text{Sin.}(m-2\alpha)x;$$

und es würde also dann Y übergehen in

$$S.[m_\alpha . \text{Cos.}(m-2\alpha)x] . \text{Sin.}\,m\pi +$$
$$+ S.[m_\alpha . \text{Sin.}(m-2\alpha)x] . \text{Cos.}\,m\pi.$$

d. h. in $X . \text{Sin.}\,m\pi + Y . \text{Cos.}\,m\pi$, und weil nach der Annahme $Y = 0$ und $X = (2\,\text{Cos.}\,x)^m$ ist, in $\text{Sin.}\,m\pi . X$, oder in $\text{Sin.}\,m\pi . (2\,\text{Cos.}\,x)^m$; so dafs dann auch seyn müfste, für jeden Werth von x und m,

$$\text{Sin.}\,m\pi . (2\,\text{Cos.}\,x)^m = 0;$$

welche Gleichung jedoch offenbar nur dann für jeden Werth von x gilt, wenn m eine (positive oder negative) ganze Zahl ist, weil nur dann $\text{Sin.}\,m\pi = 0$ ist.

§. 14.

Es mag daher jetzt von allem bisher mitgetheilten abstrahirt und versucht werden, anzugeben, wie und durch welche Mittel es möglich seyn dürfte, sowohl in der vorliegenden Aufgabe, als auch in allen ähnlichen Fällen nothwendig richtige und solche Resultate zu erhalten, bei welchen zugleich alle etwaigen Ausnahmen, die sie erleiden, durch die Entwicklung selbst auf das bestimmteste ausgesprochen werden, wie dies dem Gange einer strengen Wissenschaft angemessen ist. Diese, gröſstentheils oder vielleicht durchaus bekannten, aber, wie es scheint, nicht immer mit der gehörigen Sorgfalt beobachteten Principien, deren wir uns bei unsern Arbeiten bedienen, und die wir auch hier in Anwendung bringen werden, mögen deshalb hier in der Kürze bloſs historisch zusammengestellt, und zum Theil auch nur angedeutet werden.

I. Es scheint aber vor allem bemerkt werden zu müssen der Unterschied zwischen einem **allgemeinen** Ausdruck und einen **besondern** (Zahlenwerth). So lange der Ausdruck **allgemein** ist, ist er weder reel noch imaginär, sondern der **allgemeine** Ausdruck kann noch beides werden, das Eine so gut wie das Andere.

Aus $a + b\sqrt{-1} = c + d\sqrt{-1}$ scheint also z. B. nicht geschlossen werden zu dürfen, daſs $a = c$ und $b = d$ seyn müsse, so lange a, b, c, d, noch **allgemein** sind. Dagegen ist der Schluſs strenge erwiesen,

α) wenn man weiſs, daſs a, b, c, d, bestimmte **reele** Ausdrücke sind, oder auch

β) wenn a, b, c, d, ganz allgemein sind, aber auſser der gegebenen Gleichung noch diese zweite $a - b\sqrt{-1} = c - d\sqrt{-1}$

mitgegeben ist, also auch wenn man bestimmt überzeugt ist, daſs die Gleichung

$$a + b\sqrt{-1} = c + d\sqrt{-1}$$

für beide Werthe von $\sqrt{-1}$ zugleich Statt findet. — Z. B. bei

$$(-3) + 2\sqrt{-1} = (2\sqrt{-1}) + (3\sqrt{-1}).\sqrt{-1}$$

findet diese zweite

$$(-3) - 2\sqrt{-1} = (2\sqrt{-1}) - (5\sqrt{-1}).\sqrt{-1}$$

nicht statt; daher natürlich auch obige Folgerung nicht.

II. Jede Relation zwischen Ausdrücken ist eine Gleichung, und jede Gleichung nothwendig eine identische; so daſs die sogenannten algebraischen und transcendenten Gleichungen (die man besser Bestimmungsgleichungen nennen könnte), so wie auch die Differentialgleichungen, nur der Form nach und nur dadurch von den vorzugsweise so genannten identischen Gleichungen verschieden sind, deſs einer oder mehrere der darin vorkommenden Buchstaben oder sonstigen Zeichen, bestimmte Werthe repräsentiren, welche Werthe man sich dafür wirklich gesetzt denken muſs, wenn man die eigentliche Gleichung (die ihrer Definition entsprechende) haben will.

III. Man scheint besondere Sorgfalt auf die vieldeutigen Ausdrücke wenden zu müssen, und bemerken, daſs ein vieldeutiger Ausdruck jedesmal nur einen seiner mehreren Werthe vorstellt, obgleich er dann in besondern Fällen einen völlig bestimmten, oder auch einen beliebigen, oder endlich einen von andern Werthen abhängigen repräsentiren kann. Schreibt man z. B.

$\sqrt{9} = -3$ oder $\sqrt{9} = +3$, so stellt in der ersten Gleichung das zweideutige Zeichen $\sqrt{9}$ den bestimmten seiner Werthe -3 vor, so daſs die Gleichung $\sqrt{9} = -3$ nicht anders gedacht werden kann, als $-3 = -3$; in der andern Gleichung $\sqrt{9} = +3$, stellt dagegen $\sqrt{9}$ den Werth $+3$ vor, so daſs die Gleichung selbst wesentlich zusammenfällt mit $+3 = +3$.

In der Gleichung dagegen

$$\sqrt{4} \cdot \sqrt{9} = \sqrt{36}$$

sind die Werthe, welche jedesmal durch die Wurzeln vorgestellt werden, von einander abhängig, so daſs zwei dieser 3 Wurzeln jeden beliebigen ihrer Werthe (obgleich jedesmal nur einen einzigen) vorstellen, während dann aber die 3te Wurzel einen bestimmten, von denen der übrigen Wurzeln abhängigen, hier durch die Gleichung selbst bedingten Werth repräsentirt.

IV. Ist also A ein vieldeutiger Ausdruck, und kommt solcher in einer Untersuchung mehrere male vor, so darf man ihn, obgleich er der Form nach derselbe ist, doch im Kalkul nicht eher als einen und denselben betrachten, bevor man sich nicht überzeugt hat, daſs er jedesmal auch wirklich d i e s e l b e B e d e u t u n g habe, d. h. daſs er auch jedesmal wirklich immer einen und denselben seiner Werthe repräsentirt. Man darf also z. B. nur dann

$$A + A = 2A, \qquad A \cdot A = A^2$$
$$pA \pm qA = (p \pm q) \cdot A \qquad \text{u. s. w.}$$

sstzen, wenn man überzeugt ist, daſs dieses A jedesmal dieselbe Bedeutung hat. — Man kann daher z. B. nicht unbedingt

$$\sqrt{-1} + \sqrt{-1} = 2\sqrt{-1}, \qquad \sqrt{-1} \cdot \sqrt{-1} = (\sqrt{-1})^2 = -1$$
$$\sqrt{-3} \cdot \sqrt{-3} = (\sqrt{-3})^2 = -3, \text{ u. s. w. setzen.}$$

V. Die vieldeutigen Ausdrücke, die am häufigsten vorkommen, sind: die Wurzeln, die Logarithmen, und die zu irgend einer trigonometrischen Linie gehörigen Bogen (im allgemeinsten, analytischen Sinne genommen), und, was man vorzüglich zu bemerken hat, die sämmtlichen Potenzen im allgemeinen. Jede zu einem Bogen gehörige trigonometrische Linie ist dagegen nur eindeutig, für sie also keine weitere Vorsicht nöthig. Für die übrigen der so eben erwähnten Ausdrücke scheint aber die Regel (IV.) bei dem allgemeinen Arbeiten immer gehörig berücksichtigt werden zu müssen. Und besonders wird dies Noth thun bei den Potenzen, weil man gerade bei diesen am geneigtesten zu seyn scheint, solche zu übertreten.

VI. Eine Potenz a^x hat aber nur einen einzigen Werth, wenn x eine (positive oder negative) ganze Zahl ist; sie hat ν verschiedene Werthe, wenn $x = \pm\frac{\mu}{\nu}$ und dabei der Bruch $\frac{\mu}{\nu}$ in seinen kleinsten Zahlen ausgedrückt ist; sie hat unendlich viele verschiedene Werthe, wenn x reel aber irrational, oder wenn x imaginär ist. Ist daher x allgemein, so muſs, da x noch jeden besondern Werth erhalten kann, a^x im Allgemeinen als unendlich vieldeutig angesehen und behandelt werden.

Die Formeln der Potenzen

$$a^x . a^y = a^{x+y} \quad ; \quad a^x : a^y = a^{x-y}$$
$$a^x . b^x = (ab)^x \quad ; \quad a^x : b^x = (a:b)^x$$
$$(a^x)^y = a^{xy} = (a^y)^x$$

nebst dem binomischen Lehrsatze gelten also nur in so ferne, als jede Potenz einen ihrer Werthe repräsentirt, während diese Werthe nicht durchgehends willkührlich genommen werden können, sondern in einer durch die Gleichung selbst bedingten Abhängigkeit zu einander stehen. — Immer aber erhält man alle Werthe einer allgemeinen Potenz a^x, wenn man einen derselben mit allen Werthen von 1^x oder mit

$$\text{Cos.}(2nx\pi) \pm \sqrt{-1} . \text{Sin.}(2nx\pi),$$

wo n die Null und alle absoluten ganzen Zahlen, bis ins Unendliche, vorstellt, multiplicirt. — Will man daher bei dem allgemeinen Umformen der Ausdrücke mit Potenzen, nicht bloſs solche andere Ausdrücke haben, welche einigen (unbestimmten) Werthen, sondern solche, welche allen Werthen der gegebenen Ausdrücke entsprechen, so muſs man mit Sorgfalt auf das so eben bemerkte Rücksicht nehmen, um nicht umgeformte Ausdrücke zu erhalten, welche jene gegebenen nicht ganz und vollständig darstellen, sondern nur einzelne in ihnen enthaltene Elemente.

VII. Bei unendlichen Reihen scheint man wieder unterscheiden zu müssen, die allgemeinen von den als numerisch gedachten. — So lange die Reihen ganz allgemein sind, sind sie weder convergent noch divergent. Diese Allgemeinheit kann aber durch die Bedingung der Convergeng oder der Divergenz vermindert werden, und dann muſs man sich schon die einzelnen Glieder (nicht mehr als allgemeine, sondern bereits) als reele oder als imaginäre, und die Reihe selbst als eine numerische denken. — Umgekehrt, so oft davon die Rede ist, ob der Werth einer Reihe ein reeler oder ein imaginärer sey, kann die Reihe selbst nicht mehr als eine ganz allgemeine angesehen werden, weil eben die Eigenschaft des reelen und des imaginären, nicht an die ganz allgemeinen, sondern bloſs an die besondern Ausdrücke geknüpft ist.

VIII. Entwickelung eines Ausdrucks (schlechthin, oder in eine Reihe) ist nichts weiteres als Umformung, und giebt jedesmal eine identische Gleichung, mit denen allein sich der ganze Kalkul beschäftigt. — Eine solche Umformung könnte man vollständig oder unvollständig nennen, je nachdem sie allen oder nur einigen Werthen (oder nur einem einzi-

einzigen) des gegebenen Ausdrucks entspricht. In beiden Fällen kann aber die Entwicklung richtig seyn. — Eine richtige Entwicklung muſs den Ausdruck, dem sie entspricht, in jedem Augenblick wieder reproduciren können, worin sich eben der Charakter der Identität oder der Umformung ausspricht. — Eine unendliche Reihe ist zwar nur in der Idee vorhanden, aber als Vernunftbegriff vollkommen ausgesprochen durch das Fortschreitungsgesetz. — Eben deshalb ist eine unendliche Reihe auch im Allgemeinen (wo von ihrer Convergenz oder Divergenz noch nicht die Rede seyn kann) vollkommen geeignet einen gegebenen Ausdruck vollständig zu repräsentiren, wenn man nur, das richtige Fortschreitungsgesetz zu haben, überzeugt seyn kann. Durch dieses Fortschreitungsgesetz reproducirt sich nachher immer wieder der gegebene Ausdruck, und kein dem Wesen nach von ihm verschiedener, wenn man nur bey den weitern Umwandlungen, welche eine solche unendliche Reihe erleiden kann, die nöthige Sorgfalt verwendet, damit nicht wesentliche Bestandtheile des Fortschreitungsgesetzes, oder andere von der Theorie als wesentlich anerkannte Elemente während der Arbeit selbst verlohren gehen.

IX. Von dem Werthe einer unendlichen Reihe kann nur dann die Rede seyn, wenn sie einen Werth hat, d. h. wenn sie convergirt (wenn die Summe von noch so vielen ihrer Glieder nie unendlich groſs, sondern zwischen bestimmten endlichen Grenzen eingeschlossen werden kann). — Hieraus folgt, was für die Behandlung der Reihen nicht unwichtig zu seyn scheint:

1) Alle Schlüsse, welche sich auf Werthbestimmung einer unendlichen Reihe gründen, gelten nur unter der Voraussetzung, einmal daſs die Reihe nicht mehr allgemein ist, sondern bereits als eine numerische anerkannt wird, dann auch, daſs die Reihe selbst convergirt.

Sind diese Voraussetzungen nicht gerechtfertigt, so werden alle solche Schlüsse in der Regel zu Wiedersprüchen führen.

2) Ist ein endlicher Ausdruck, einer unendlichen Reihe im Allgemeinen gleich (identisch), so hat für jeden Werth der unendlichen Reihe, der endliche Ausdruck nothwendig denselben Werth. Aber umgekehrt, von dem Werth des endlichen Ausdrucks auf den gleichen Werth der unendlichen Reihe zu schlieſsen, geht nur in so ferne an, als die Reihe wirklich einen Werth hat; dieser Schluſs gilt also in allen den Fällen nicht mehr, in welchen die unend-

liche Reihe divergirt d. h. gar keinen Werth mehr hat.

3) Ist daher eine unendliche Reihe von der Art, daſs sie in gar keinem Falle convergirt, daſs sie also nie einen Werth hat, so hört jeder Schluſs, der sich auf ihren Werth bezieht, in allen Fällen auf, und alles in Bezug auf den Werth dieser Reihe Erschlossene, oder auf den Werth einer solchen Reihe oder auf das Daseyn desselben Gegründete hört in allen Fällen auf nothwendig wahr zu seyn, eben weil die Voraussetzung, unter welcher diese Schlüsse allein Gültigkeit haben können, hier nie statt findet. (Wir meinen, daſs die so erschlossene Resultate, eben so gut unrichtige als auch richtige seyn können).

4) Da eine unendliche Reihe, im Falle sie divergirt, gar keinen Werth hat, so kann man in diesem Falle, aus ihren r e e l e n Gliedern, nicht auf ihren r e e l e n Werth, und also auch nicht auf den r e e l e n Werth des mit ihr im Allgemeinen identischen endlichen Ausdruks schlieſsen; so daſs also alle Glieder einer unendlichen Reihe reel seyn können, während, wenn die Reihe zugleicher Zeit divergirt, der ihr im Allgemeinen gleiche endliche Ausdruck, eben so gut ei-

nen imaginären als auch einen reelen Werth haben kann. *)

Als Beyspiele mögen die Entwikklungen von $\frac{1}{1-p}$ und von $\sqrt{1-p^2}$ in, nach ganzen Potenzen von p fortlaufenden Reihen, dienen.

Eben so wenig kann man aus den imaginären Gliedern einer divergenten unendlichen Reihe auf den imaginären Werth des ihr im allgemeinen gleichen endlichen Ausdrucks schliefsen.

5) Umgekehrt aber: hat der endliche Ausdruck in einem besondern Fall einen imaginären Werth; und sind zu gleicher Zeit die Glieder der Entwikkelung (der unendl. Reihe) alle reel, so mufs die Reihe nothwendig in diesem Falle divergiren; so wie, wenn sie convergirt und alle ihre Glieder reel sind, der ihr im Allgemeinen gleiche endliche Ausdruck dann nothwendig auch

---

*) Sind also, um ein Beyspiel der Anwendung zu geben, a, b, c, d, alle oder zum Theil unendliche Reihen, so kann man aus

$$a + b\sqrt{-1} = c + d\sqrt{-1}$$

nur dann schliefsen, dafs $a = c$ und $b = d$ seyn müsse, entweder wenn alle unendliche Reihen convergiren und reele Werthe haben, (also nicht unbedingt schon wenn die einzelnen Glieder der Reihen reel sind), oder wenn sie noch allgemein sind, aber aufser $a + b\sqrt{-1} = c + d\sqrt{-1}$ im Allgemeinen auch noch diese andere Gleichung

$a - b\sqrt{-1} = c - d\sqrt{-1}$, gegeben ist. (Vergl. I.).

einen reelen Werth haben mufs. (Vergl. IX. 2.) *)

X. Wenn bei den indirekten Umformungs-Methoden (z. B. bei derjenigen, wo aus dem gegebenen Ausdruck erst eine Differentialgleichung gebildet, dazu aber nachher wiederum das Integral gesucht wird, in der Hoffnung oder mit der besondern Aufmerksamkeit, dasselbe in umgeformter Gestalt zu erhalten; ferner auch schon bei der gewöhnlichen Methode der unbestimmten Koefficienten) die Koefficienten nur unter der Voraussetzung strenge bestimmt werden können, dafs die vorkommenden Reihen convergiren, so kann man die Resultate nicht nothwendig als

*) Wir glauben hier noch bemerken zu dürfen, dafs in den Fällen, wo Umwandlungen in Reihen gewünscht werden, um nachher die Werthe der Ausdrücke durch diese Reihen bestimmen zu können, oder auch in denen, wo man auf eine bestimmte Convergenz weitere Schlüsse gründen will, es wesentlichen Nutzen gewähren dürfte, den Reihen, (endliche oder unendliche aber) schon bestimmte Elemente beyzugeben, die zugleich die Natur der zu verwandelnden Ausdrücke in sich aufgenommen haben. Indem nehmlich dann mehr Ursachen der Divergenz wegfallen, ist auch die Wahrscheinlichkeit gröfser, eine umfassende Convergenz zu erhalten. — So convergiren z. B. (wie es scheint, aus diesem Grunde) die Reihen für die Logarithmen schneller und umfassender, wenn man selbst wieder Logarithmen in die Entwickelung einführt. — Vorzüglichen Nutzen scheint diese Bemerkung auch in einer Theorie der allgemeinen Fakultäten zu haben, wo sich die ferneren Schlüsse blofs auf die Convergenz der gebrauchten Reihen gründen können, und nur dann nothwendig allgemein gültig sind. —

allgemeingültige annehmen, obgleich sie nothwendig richtig sind für die Fälle, welche der Voraussetzung entsprechen.

Aber um selbst für diese Fälle nothwendig richtige Resultate zu erhalten, muſs man jedesmal sorgfältig untersuchen, ob auch wirklich der Theorie überall genügt sey. Es darf also namentlich keine Koefficienten-Bestimmung statt finden, bei welcher die im Unendlichen vernachlässigten Glieder selbst unendlich groſs werden müssen; und im Falle solche unendlich groſs werden können, so würde die Umformung nur für die Fälle nothwendig richtig verbleiben, für welche dieses nicht mehr statt findet.

Hat man sich dagegen von der allgemeinen Gültigkeit der Form auf direktem Wege überzeugt, und ist man sicher, daſs das Fortschreitungsgesetz das Wesen des umzuformenden endlichen Ausdrucks im allgemeinen in sich schlieſse, so daſs die Koefficienten als die Constanten angesehen werden können, so ist eine solche Entwikkelung auch allgemein gültig (d. h. sie paſst dann für alle möglichen besondern Fälle zugleich).

Untersucht man genau die in (§. 3.) angegebene Entwickelung des La grange, so ist es leicht zu finden, daſs diese Bedingungen daselbst nicht berücksichtigt zu seyn scheinen; denn es werden bei der Entwickelung im Unendlichen Glieder vernachläſsigt, deren Koefficienten unendlich groſs sind, so daſs man nicht mit Sicherheit auf das Verschwinden dieser vernachläſsigten Glieder, auch nicht in einem einzigen Falle, schlieſsen dürfte. — Dieser Umstand scheint zugleich die in den folgenden Paragraphen angezeigten, den Principien des Integralkalkuls entgegenlaufenden Resultate, oder vielmehr ihre Unzuläſsigkeit zu erklären.

XI. Mit dieser Bemerkung steht nachstehende in genauer Verbindung: Bei allen vorzunehmenden Umformungen mittelst der Methode der unbestimmten Koefficienten, muſs man sich vorher von der allgemeinen Zulässigkeit der angenommenen Form der Entwicklung vergewissern. Es ist zwar sehr leicht einzusehen, daſs jede Unzuläſsigkeit der angenommenen Form der Entwicklung, eben weil ihre Annahme einen Widerspruch involvirt, diesen Widerspruch auch in den Endresultaten aussprechen werde; allein es scheint irrig zu seyn anzunehmen, daſs sich dieser Widerspruch sogleich bei der Bestimmung der Koefficienten zeigen müsse. Im Gegentheil ist nicht nur dazu kein hinreichender Grund vorhanden, sondern die angenommene Form muſs sogar zu nothwendig richtigen, keinen Widerspruch anzeigenden Koefficientenbestimmungen führen, sobald diese angenommene Form der Entwicklung auch nur in einem einzigen besondern Fall gerechtfertigt seyn sollte; wenn sie auch in allen übrigen Fällen unzulaſsig ist. — Dies findet namentlich in der (§. 3.) angegebenen Entwicklung des La grange statt. Die von ihm für (Cos. x)^m angenommene Form der Entwicklung ist die wahre, wenn m eine ganze Zahl; folglich müssen sich die unbestimmten Koefficienten finden lassen (wenigstens für diese Werthe von m); und die Entwicklung selbst findet also statt, aber nur für den Fall, daſs m eine ganze Zahl. Der Widerspruch, der in der Unzuläſsigkeit der von La grange für den allgemeinen Fall angenommenen Form der Entwicklung liegt, bleibt deshalb noch immer vorhanden, und zeigt sich, wie wir (§. 13.) gezeigt haben, wenn man $\pi + x$ statt x setzt; oder zeigt sich vielmehr eben in der allgemeinen Ungültigkeit der Entwicklung.

Die direkten Umformungsmethoden scheinen deshalb vor allen indirekten den Vorzug zu haben. Wenigstens mag es gut seyn, sich ihrer immer zur vorläufigen Bestimmung der Form zu bedienen, wenn man es auch nachher bequemer und zweckmäſsiger finden sollte, indirekt zu verfahren.

Vorstehende Bemerkungen kann man übrigens durch viele leicht zu findende Beispiele bestätigen lassen, welches hier der Kürze wegen unterblieben ist. Ohne gehörigen Beweis bleiben manche dieser Bestimmungen jedoch noch immer problematisch, weshalb diese Beweise und überhaupt eine Theorie des Kalkuls in dem schon angeführten Lehrbuche des Verfassers versucht worden ist.

§. 15.

Betrachten wir nun die Euler'sche Entwicklung (§. 1.), so sieht man sogleich, daſs im allgemeinen

$$X + \sqrt{-1}.Y \quad \text{und} \quad X - \sqrt{-1}.Y$$

zwei verschiedene Werthe von $(2 \operatorname{Cos.} x)^m$ seyn können. Aus den Gleichungen

$$1) \ (2 \operatorname{Cos.} x)^m = X + \sqrt{-1}.Y$$

$$\text{und } 2) \ (2 \operatorname{Cos.} x)^m = X - \sqrt{-1}.Y$$

kann man also durch Addition bloſs schlieſsen nach (§. 14. IV u. VI.):

$$(2 \operatorname{Cos.} x)^m + (2 \operatorname{Cos.} x)^m = 2X,$$

aber nicht $2.(2 \operatorname{Cos.} x)^m = 2X$,

weil in den Gleichungen (1) und (2) (die, wie alle Gleichungen, nur als identische Gleichungen angesehen werden können) der Ausdruck $(2 \operatorname{Cos.} x)^m$ jedesmal einen andern seiner Werthe repräsentiren kann. Wenn m eine positive ganze Zahl, bleibt der Euler'sche Schluſs gültig, wie bekannt ist, und wie auch schon Poiſson bemerkt hat. — Er bliebe auch noch gültig, wenn m eine negative ganze Zahl ist, wenn nur die Reihen X und Y zugleich einen Werth hätten.

§. 16.

Was Déflers (§. 7.) schlieſst, dürfte, wie es scheint, nur dann gelten, wenn nachgewiesen werden könnte, daſs, wenn man $(\text{Cos.}\,x)^m$ oder vielmehr

$$\left(1-\frac{x^2}{2'}+\frac{x^4}{4'}-\frac{x^6}{6'}+\ldots\right)^m$$

allgemein nach dem polynomischen Lehrsatze entwickelt, die Koefficienten der entstehenden Reihe nicht unendlich werden. Umgekehrt sieht man ein, daſs, wenn $(\text{Cos.}\,x)^m$ sich nicht allgemein nach den geraden Potenzen von x entwickeln läſst, die Form der Entwicklung selbst solches anzeigen müsse.

Was aber den andern Beweis des Déflers betrifft, daſs $Y=0$ sey, wie solches (§. 8.) beigebracht wurde, so scheint aus den vorstehenden Principien hervor zu gehen:

1) Daſs die Summation der Reihe

$$m^p.t^m+m_1(m-2)^p.t^{m-2}+m_2\,(m-4)^p.t^{m-4}+m_3.(m-6)^p t^{m-6}+..$$

wie sie dort gefunden wurde, sehr strenge ist, und daſs also z. B. sehr strenge

$$(\text{☾})\; m^3.t^m+m_1.(m-2)^3\,t^{m-2}+m_2.(m-4)^3.t^{m-4}+ \\ +m_3.(m-6)^3.t^{m-6}+\ldots$$

im allgemeinen identisch mit dem dortigen

$$m(m-1)(m-2).z^{m-3}v^3+[2m(m-1)+m^2].z^{m-1}v$$

oder mit

$$(\odot)\; m(m-1)(m-2).\left(t+\frac{1}{t}\right)^{m-3}.\left(t-\frac{1}{t}\right)^3+ \\ +[2m(m-1)+m^2].\left(t+\frac{1}{t}\right)^{m-1}.\left(t-\frac{1}{t}\right)$$

angenommen werden müsse.

2) Daſs dagegen die unendliche Reihe (☾) nur dann einen Werth habe, wenn sie convergirt, also z. B. wenn t sehr groſs ist. In jedem andern Falle dagegen, und auch für $t = 1$, bestimmt sich zwar der Werth des Ausdrucks (⊙), welcher aber nur dann mit dem Werthe der Reihe (☾) zusammenfallen kann, wenn letztere wirklich einen Werth hat. Da nun aber die Reihe (☾) für $t = 1$ nur dann einen Werth zu haben scheint, wenn m eine (positive) ganze Zahl ist, so scheint sie auch nur in diesem Fall mit dem Werthe des Ausdrucks (⊙), also mit Null, zusammenzufallen.*). —

3) Wäre dagegen in dem Ausdruck Y, der in (§. 8.) verwandelt werden sollte, nicht

$$m^p + m_1 . (m - 2)^p + m_2 . (m - 4)^p + \ldots.$$

sondern vielmehr diese andere Reihe

$$m^p . t^m + m_1 (m - 2)^p . t^{m-2} + m_2 (m - 4)^p . t^{m-4} + \ldots$$

vorgekommen, so konnte man sogleich im Allgemeinen den mit ihr identischen endlichen Ausdruck für sie selbst setzen, und das Resultat war dann noch immer mit Y identisch; und im Falle Y selbst convergirte, muſste dann jeder Werth dieses mit Y identischen Ausdrucks, dem von Y gleich seyn.

---

*) Daſs dann die Reihe

$$m^p + m_1 . (m - 2)^p + m_2 . (m - 4)^p + \ldots.$$

für jedes ungerade p der Null gleich sey, erhellet übrigens unmittelbar, weil in ihr jedes Glied doppelt, aber mit entgegengesetzten Zeichen vorkommt.

§. 17.

Betrachten wir den (§. 9.) gegebenen Beweis, so finden wir ihn ganz streng, bis zu Ende, wo $2\sqrt{-1}.Y=(e^{x\sqrt{-1}}+e^{-x\sqrt{-1}})^m-(e^{-x\sqrt{-1}}+e^{x\sqrt{-1}})^m$ gefunden, wo aber rechts dafür nicht o gesetzt werden darf. — Da $e^{x\sqrt{-1}}+e^{-x\sqrt{-1}}=2\,\mathrm{Cos.}\,x$ ist, so kann man dies auch so schreiben:

$$2\sqrt{-1}\,.\,Y=(2\,\mathrm{Cos.}\,x)^m-(2\,\mathrm{Cos.}\,x)^m,$$

oder $$2\sqrt{-1}\,.\,Y=(2\,\mathrm{Cos.}\,x)^m\,[1^m-1^m],$$

oder $$2\sqrt{-1}\,.\,Y=(2\,\mathrm{Cos.}\,x)^m\,[\mathrm{Cos.}\,(\pm 2nm\pi)-\mathrm{Cos.}\,(\pm 2\nu m\pi)+\sqrt{-1}\,(\mathrm{Sin.}(\pm 2nm\pi)-\mathrm{Sin.}\,(\pm 2\nu m\pi))],$$

wo $(2\,\mathrm{Cos.}\,x)^m$ einen beliebigen ihrer Werthe repräsentirt.

Mit Nothwendigkeit kann man also auf diesem Wege sich nicht überzeugen, daſs $Y=0$ seyn müsse, den Fall ausgenommen, in welchem m eine ganze Zahl wird, und Y zugleich einen endlichen Werth haben muſs.

§. 18.

Eben so finden wir die Entwicklung in (§. 10.) ganz strenge, bis dahin, wo

$$2X=(e^{x\sqrt{-1}}+e^{-x\sqrt{-1}})^m+(e^{-x\sqrt{-1}}+e^{x\sqrt{-1}})^m$$

gefunden ist, wofür man aber rechts nicht unbedingt $2(e^{x\sqrt{-1}}+e^{-x\sqrt{-1}})^m$ setzen darf, wie dort geschehen (S. §. 14. IV. VI.). Die Gleichung wird vielmehr, wenn man $2\,\mathrm{Cos.}\,x$ statt $e^{x\sqrt{-1}}+e^{-x\sqrt{-1}}$ setzt,

$$2X=(2\,\mathrm{Cos.}\,x)^m(1^m+1^m)$$

oder $2X = (2\,\text{Cos.}\,x)^m\,[\text{Cos.}\,(\pm 2nm\pi) + \text{Cos.}\,(\pm 2vm\pi)$
$+ \sqrt{-1}\,(\text{Sin.}\,(\pm 2nm\pi) + \text{Sin.}\,(\pm 2vm\pi))]$,
wo $(2\,\text{Cos.}\,x)^m$ einen beliebigen ihrer Werthe vorstellt.

Es ist demnach auf diesem Wege nur dann mit Sicherheit $X = (2\,\text{Cos.}\,x)^m$, wenn m eine ganze Zahl ist und X wirklich einen Werth hat.

§. 19.

Was endlich den Beweis (§. 11.) betrifft, so ist leicht einzusehen, wenn man die vorstehenden Principien in Anwendung bringen will, daſs, weil sich die dortigen Schlüsse auf Werthe gründen, sie nur so lange gelten, als die dortigen Reihen wirklich Werthe haben, also nur in so ferne sie convergent sind. Unter diesen Voraussetzungen bleiben die dortigen Gleichungen (3. und 4.) noch streng richtig, nur mit der Einschränkung, daſs sie nicht als allgemeine identische Gleichungen, sondern nur als Werth-Identitäten statt finden. Dies ändert die dann folgenden Schlüsse dahin ab, daſs zwischen den Werthen von X und Y (für verschiedene Werthe von x) und zwischen den Werthen von n und v eine durch die Gleichungen (3. und 4.) selbst bedingte Abhängigkeit statt finden muſs; daſs aber die Abhängigkeit von n und v nicht nothwendig von dem Werthe von x unabhängig ist, sondern im Gegentheil für andere Werthe von x auch allemal eine andere werden kann. Der übrige Theil des dortigen Beweises (§. 11.) gilt also nicht mehr, und daher hat das dortige Endresultat keine grösſere Gültigkeit, als vorher auch.*)

§. 20.

Es gelten also die Entwicklungen von $(2\,\mathrm{Cos.}\,x)^m$ des Euler, Lagrange, und die übrigen, unsre eigenen (§. §. 8. 9. 10. und 11.) mit eingeschlossen, nur für den Fall nothwendig, daſs m eine ganze positive Zahl ist; und wenn m eine ganze negative Zahl wäre, nur dann, wenn zugleich X und Y wirklich einen Werth haben sollten. Eine allgemein gültige Entwicklung mag nun versucht werden.

§. 21.

Die einfachste und direkteste scheint folgende zu seyn. Man hat nehmlich

$$2\,\mathrm{Cos.}\,x = e^{x\sqrt{-1}} + e^{-x\sqrt{-1}};$$

folglich, nach dem binomischen Lehrsatz

$$(2\,\mathrm{Cos.}\,x)^m = S.[m_\alpha.(e^{x\sqrt{-1}})^{m-\alpha}(e^{-x\sqrt{-1}})^\alpha],$$

oder $(2\,\mathrm{Cos.}\,x)^m = S.[m_\alpha.(e^{x\sqrt{-1}})^{m-2\alpha}]$.

Nun ist aber

$$e^{x\sqrt{-1}} = \mathrm{Cos.}\,x + \sqrt{-1}\,.\,\mathrm{Sin.}\,x,$$

und daher

$$(e^{x\sqrt{-1}})^{m-2\alpha} = \mathrm{Cos.}(m-2\alpha)x + \sqrt{-1}\,.\,\mathrm{Sin.}(m-2\alpha)x,$$

oder, wenn man rechts alle Werthe haben will,

*) Wenn man z. B. aus den Gleichungen (§. 11. n. 3 u. 4.) für $x=0$ $v=n$ gefunden hat, so ergiebt sich im Gegentheil für $x=\pi$, die Abhängigkeit $v=n+1$, aus denselben Gleichungen. — Darüber giebt besonders der letzte Theil dieser Bogen noch mehr Aufschluſs.

$$(e^{x\sqrt{-1}})^{m-2\alpha} = \text{Cos.}(m-2\alpha)(\pm 2n\pi + x)$$
$$+\sqrt{-1}.\text{Sin.}(m-2\alpha)(\pm 2n\pi + x)$$
$$= \text{Cos.}[\pm 2mn\pi + (m-2a)x]$$
$$+\sqrt{-1}.\text{Sin.}[\pm 2mn\pi + (m-2\alpha)x].$$

Dies oben substituirt, giebt:

$$(\delta)\ldots(2\,\text{Cos.}\,x)^m = \text{S}.[m_\alpha.\text{Cos.}(\pm 2mn\pi + (m-2\alpha)x)]$$
$$+\sqrt{-1}.\text{S}.[m_\alpha.\text{Sin.}(\pm 2mn\pi + (m-2\alpha)x)],$$

welches die gesuchte Entwicklung ist, und in welcher der Ausdruck rechts eben so vollständig ist, als der Ausdruck links, in so ferne n, alle Werthe 0, 1, 2, 3, bis ins Unendliche vorstellen soll.

§. 22.

Weil

$$\text{Cos.}[\pm 2mn\pi + (m-2\alpha)x] = \text{Cos.}(\pm 2mn\pi).\text{Cos.}(m-2\alpha)x$$
$$-\text{Sin.}(\pm 2mn\pi).\text{Sin.}(m-2\alpha)x$$

und

$$\text{Sin.}[\pm 2mn\pi + (m-2\alpha)x] = \text{Sin.}(\pm 2mn\pi).\text{Cos.}(m-2\alpha)x$$
$$+\text{Cos.}(\pm 2mn\pi).\text{Sin.}(m-2\alpha)x,$$

so geht obige Entwicklung (δ. §. 21.) auch noch in folgende über:

$$(2\,\text{Cos.}\,x)^m = \text{Cos.}(\pm 2mn\pi).\text{S}.[m_\alpha.\text{Cos.}(m-2\alpha)x]$$
$$-\text{Sin.}(\pm 2mn\pi).\text{S}.[m_\alpha.\text{Sin.}(m-2\alpha)x]$$
$$+\sqrt{-1}.(\text{Sin.}(\pm 2mn\pi).\text{S}.[m_\alpha.\text{Cos.}(m-2\alpha)x]$$
$$+\text{Cos.}(\pm 2mn\pi).\text{S}.[m_\alpha.\text{Sin.}(m-2\alpha)x])$$

oder wenn man die Bezeichnungen von (§. 1.) beibehält:

$$(4)\ldots(2\text{Cos.}x)^m = \text{X.Cos.}(\pm 2mn\pi) - \text{Y.Sin.}(\pm 2mn\pi)$$
$$+\sqrt{-1}.[\text{X.Sin.}(\pm 2mn\pi) + \text{Y.Cos.}(\pm 2mn\pi)]$$

wo n sowohl o, als auch alle ganzen Zahlen vorstellt.

Man sieht zu gleicher Zeit, wie diese (für jedes m) allgemein gültige Entwicklung in das frühere Resultat

$$(2\,\mathrm{Cos.}\,x)^m = X$$

übergeht, so bald m eine positive ganze Zahl wird, weil dann $Y = o$ erkannt werden muſs (§. 2.).

§. 23.

Setzt man in (4) $n = o$, so erhält man

$$(2\,\mathrm{Cos.}\,x)^m = X + \sqrt{-1}.Y$$

wo $\sqrt{-1}$ zweideutig ist, so daſs man eben so

$$(2\,\mathrm{Cos.}\,x)^m = X + \sqrt{-1}.Y,$$

als auch $(2\,\mathrm{Cos.}\,x)^m = X - \sqrt{-1}.Y$

hat; und man sieht also, wie $X + \sqrt{-1}.Y$ und $X - \sqrt{-1}.Y$ (dieselben Resultate, die auch Euler schon erhalten hat) als zwei im Allgemeinen verschiedene Werthe von $(2\,\mathrm{Cos.}\,x)^m$ angesehen werden müssen.

Hätte man daher das erste der Euler'schen Resultate genommen

$$(2\,\mathrm{Cos.}\,x)^m = X + \sqrt{-1}.Y$$

und solches rechts dadurch vervollständigt, daſs man diesen Werth $X + \sqrt{-1}.Y$ mit allen Werthen von 1^m oder mit

$$\mathrm{Cos.}\,(\pm 2mn\pi) + \sqrt{-1}.\mathrm{Sin.}\,(\pm 2mn\pi),$$

wo n, Null und alle ganzen Zahlen vorstellt, multiplizirte, so hätte man erhalten

$$(2\,\mathrm{Cos.}\,x)^m = (X + \sqrt{-1}.Y).[\mathrm{Cos.}(\pm 2mn\pi) + \sqrt{-1}.\mathrm{Sin.}(\pm 2mn\pi)],$$

welche Formel genau mit der (4) Formel zusammenfällt.

§. 24.

Auch bei der Entwicklung in (§. 21.) kann man, und es scheint dies jedesmal bequemer zu seyn, die dort genommene Rücksicht, alle Werthe der Entwicklung zu erhalten, vernachläſsigen, und nur einen Werth zu erhalten trachten. Die Entwicklung sieht dann so aus:

Es ist

$$(2\,\text{Cos.}\,x)^m = (e^{x\sqrt{-1}} + e^{-x\sqrt{-1}})^m,$$

also nach dem binomischen Lehrsatze

$$(2\,\text{Cos.}\,x)^m = S.\,[m_\alpha . e^{(m-2\alpha)x}].$$

Aber

$$e^{(m-2\alpha)x} = \text{Cos.}\,(m-2\alpha)\,x + \sqrt{-1}.\,\text{Sin}\,(m-2\alpha)\,x,$$

folglich, wenn man dies substituirt:

$$(2\,\text{Cos.}\,x)^m = S.\,[m_\alpha.\,\text{Cos.}\,(m-2\alpha)\,x]$$
$$+ \sqrt{-1}.\,S.\,[m_\alpha.\,\text{Sin.}\,(m-2a)\,x]$$

oder $(2\,\text{Cos.}\,x)^m = X + \sqrt{-1}\,Y;$

und vollständig

$$(2\,\text{Cos.}\,x)^m = 1^m.(X + \sqrt{-1}.Y),$$

welches wieder mit der Formel (4) zusammenfällt.

§. 25.

Wollte man eine indirekte Entwicklung vorziehen, so könnte man auch auf folgende Art verfahren:

Man setze $y = (\text{Cos.}\,x)^m$

und entwickle, indem man diese Gleichung differentiirt und $(\text{Cos.}\,x)^m$ eliminirt, die Differentialgleichung

$$my.\mathrm{Sin}.x + \frac{dy}{dx}.\mathrm{Cos}.x = 0,$$

woraus wieder, wenn man für Sin.x und Cos.x die Werthe

$$\frac{e^{x\sqrt{-1}} - e^{-x\sqrt{-1}}}{2\sqrt{-1}} \text{ und } \frac{e^{x\sqrt{-1}} + e^{-x\sqrt{-1}}}{2}$$

setzt, hervorgeht,

$$my.(1 - e^{-2x\sqrt{-1}}) + \sqrt{-1}.\frac{dy}{dx}.(1 + e^{-2x\sqrt{-1}}) = 0,$$

oder

$$(\text{♀}) \ldots my(1-z) + \sqrt{-1}.\frac{dy}{dx}.(1+z) = 0,$$

wenn $z = e^{-2x\sqrt{-1}}$.

Nun nehme man an

$$y = e^{mx\sqrt{-1}}(\alpha + \beta.z + \gamma.z^2 + \delta.z^3 + \varepsilon.z^4 + \ldots)$$

und differentiire, so erhält man

$$\frac{dy}{dx} = m\sqrt{-1}.e^{mx\sqrt{-1}}(\alpha + \beta.z + \gamma.z^2 + \delta.z^3 + \varepsilon.z^4 + \ldots)$$
$$+ e^{mx\sqrt{-1}}.\frac{dz}{dx}(\beta + 2\gamma.z + 3\delta.z^2 + 4\varepsilon.z^3 \ldots)$$

oder, weil $\frac{dz}{dx} = -2\sqrt{-1}.z$ ist,

$$\frac{dy}{dx} = \sqrt{-1}.e^{mx\sqrt{-1}}[m\alpha + (m-2)\beta.z + (m-4)\gamma.z^2 + (m-6)\delta.z^3 + \ldots].$$

Substituirt man diese Werthe für y und $\frac{dy}{dx}$ in die obige Differentialgleichung (♀), ordnet man nach Potenzen von z, dividirt durch $e^{mx\sqrt{-1}}$, und setzt die einzelnen Koefficienten der Null gleich, so erhält man zuletzt

$$\alpha = \alpha$$
$$\beta = m_1 \alpha$$
$$\gamma = m_2 \alpha$$
$$\delta = m_3 \alpha$$

u. s. w. f.;

also

$$(\text{Cos}\, x)^m = \alpha . e^{mx\sqrt{-1}} . (1 + m_1 . z + m_2 . z^2 + m_3 . z^3 + \ldots),$$

wo noch die Constante α zu bestimmen bleibt. Weil aber für $x = 0$, $e^{mx\sqrt{-1}} = 1$, $\text{Cos.}\, x = 1$, $z = 1$ wird, so erhält man zur Bestimmung der Constante

$$1^m = \alpha . (1 + m_1 + m_2 + m_3 + \ldots) = \alpha (1 + 1)^m = \alpha . 2^m.$$

Also

$$(2\,\text{Cos.} x)^m = 1^m \times e^{mx\sqrt{-1}} (1 + m_1 . z + m_2 . z^2 + m_3 . z^3 + \ldots),$$

oder, wenn man für z seinen Werth setzt und wirklich multiplizirt,

$$(2\,\text{Cos.} x)^m = 1^m \times (e^{mx\sqrt{-1}} + m_1 . e^{(m-2)x\sqrt{-1}}$$
$$+ m_2 . e^{(m-4)x\sqrt{-1}} + m_3 . e^{(m-6)x\sqrt{-1}} + \ldots)$$

oder auch

$$(2\,\text{Cos.} x)^m = 1^m . S . [m_a . e^{(m-2a)x\sqrt{-1}}],$$

aus welcher Gleichung endlich, wenn man

$$e^{(m-2a)x\sqrt{-1}} = \text{Cos.} (m - 2a) x + \sqrt{-1} . \text{Sin.} (m - 2a) x$$

zu Hülfe nimmt, das bekannte Resultat

$$(2\,\text{Cos.} x)^m = (X + \sqrt{-1} . Y)$$

hervorgeht.

§. 26.

Wir brauchen wohl nicht zu bemerken, daſs eine solche Entwicklung nichts empfehlenswerthes hat, einmal weil man nicht wissen kann, ob die angenommene Form der Entwicklung auch wirklich allgemein zuläſsig ist (§. 14. XI.), bevor man das nicht erst untersucht hat; weil man also, wenn die Form geradezu angenommen worden, auch wenn sich die Koefficienten bestimmen lassen, ohne jene vorgängige Untersuchung über die Form, nicht überzeugt seyn kann, daſs die gefundene Entwicklung wirklich allgemein gültig ist, sondern fürchten muſs, daſs sie nur für die Fälle gilt, für welche die angenommene Form gerechtfertigt ist; dann aber auch weil in der Regel jede solche indirekte Methode nur auf groſsen Umwegen zum Ziele führt, und im wesentlichen doch wieder mit dem direkten Gange zusammenfallen muſs.

Uebrigens ist in vielen Fällen der Nutzen der indirekten Methoden nicht zu verkennen; nur glauben wir, daſs so lange, als es möglich ist auf einem direkten Wege zum Ziele zu gelangen, dieser dann jedem indirekten immer vorzuziehen seyn dürfte, und daſs indirekte Wege nur mit groſser Vorsicht anzuwenden seyn dürften. *)

*) Wenn es bloſs darauf ankommt Resultate zu erzielen, erlaubt sich der Verf. alle Wege, auch solche denen er nicht traut. Hat er aber die Resultate gefunden, so betritt er, um sich von den Grenzen ihrer Gültigkeit zu überzeugen, nur

§. 27.

Man hat also allgemein für jeden Werth von m,

$$\text{I. } (2\text{Cos.}x)^m = [X.\text{Cos.}(\pm 2mn\pi) - Y.\text{Sin.}(\pm 2mn\pi)] + \sqrt{-1}.[X.\text{Sin.}(\pm 2mn\pi) + Y.\text{Cos.}(\pm 2mn\pi)],$$

wo n sowohl Null als auch jede ganze Zahl vorstellt, und wo X und Y die Reihen

$S.[m_\alpha.\text{Cos.}(m-2\alpha)x]$ und $S.[m_\alpha.\text{Sin.}(m-2\alpha)x]$

oder die Reihen

$\text{Cos.}mx + m_1.\text{Cos.}(m-2)x + m_2.\text{Cos.}(m-4)x + \ldots$ in inf.

und

$\text{Sin.}mx + m_1.\text{Sin.}(m-2)x + m_2.\text{Sin.}(m-4)x + \ldots$ in inf.

bedeuten. Und dies nur ist die allgemeingültige Entwicklung von $(2\text{Cos.}x)^m$ nach Cosinus und Sinus der vielfachen Bogen.

Ist aber m eine positive ganze Zahl, so erhält man aus dieser allgemeinen Entwicklung

II. $(2\text{Cos.}x)^m = X$, weil dann $0 = Y$ ist.

§. 28.

Untersuchen wir nun, in welchen Fällen die hier mit X und mit Y bezeichneten Reihen

$S.[m_\alpha.\text{Cos.}(m-2\alpha)x]$ und $S.[m_\alpha.\text{Sin.}(m-2\alpha)x]$

convergent seyn müssen.

Wir wissen aber, daſs die Summe der Glieder einer unendlichen Reihe nicht immer ein endliches Resultat giebt, wenn auch die Glieder der Reihe beständig abnehmen. So erhalten wir z. B. aus

$$-\log.(1-x) = x + \tfrac{1}{2}x^2 + \tfrac{1}{3}x^3 + \tfrac{1}{4}x^4 + \ldots$$

---

diejenigen, auf die er sich verlassen zu können glaubt. Irren ist dann noch immer menschlich.

für $x = 1$

$$-\log. 0 = \infty = 1 + \tfrac{1}{2} + \tfrac{1}{3} + \tfrac{1}{4} + \tfrac{1}{5} + \ldots$$

wo die Glieder beständig abnehmen, während ihre Summe unendlich groſs ist.

Wenn man daher unter einer convergenten Reihe nicht bloſs diejenige versteht, deren Glieder beständig abnehmen, sondern eine solche in welcher die Summe von beliebig und noch so vielen ihrer Glieder jedesmal einen endlichen Ausdruck liefert, der nicht in's unendliche wächst, sondern mittelst dessen, je weiter man fortgeht, immer bestimmtere Grenzen gebildet werden können, welche der Werth der Reihe nicht übersteigen kann, oder zwischen denen er liegen muſs, so wird die jedesmalige Untersuchung über die Convergenz der Reihen in den meisten Fällen eine sehr delikate werden; und es scheint daher jeder Beitrag, der zur Erleichterung derselben dienen kann, beachtungswerth zu seyn. *)

§. 29.

Es sei zuerst die Reihe

$$1 - m_1 + m_2 - m_3 + m_4 \ldots \pm m_n$$

die aus $n+1$ Gliedern besteht, und die auch dargestellt werden kann durch

$$\underset{a+b=n}{S.}\left[(-1)^a . m_a\right] \quad \text{oder durch} \quad \underset{a+b=n}{S.}\left[\frac{(-1)^a . m^{aI-1}}{a'}\right],$$

zu summiren.

*) Wenn auch der, einer unendlichen Reihe im allgemeinen gleiche Ausdruck einen bestimmten Werth hat, so kann die Reihe selbst doch divergent seyn, wie bekannt ist, und wie wir (§. 14. IX.) noch besonders erwähnt haben.

Nach dem binomischen Lehrsatze für Fakultäten hat man

$$\frac{(a+b)^{n|r}}{n'} = S.\left[\frac{a^{\mathfrak{a}|r}.\,b^{\mathfrak{b}|r}}{\mathfrak{a}'.\,\mathfrak{b}'}\right]_{\mathfrak{a}+\mathfrak{b}=n};$$

folglich, wenn man setzt statt $\frac{a,\;b,\;r}{m,-1,-1}$,
beziehlich

auch $$\frac{(m-1)^{n|-1}}{n'} = S.\left[\frac{m^{\mathfrak{a}|-1}.(-1)^{\mathfrak{b}|-1}}{\mathfrak{a}'.\,\mathfrak{b}'}\right]_{\mathfrak{a}+\mathfrak{b}=n};$$

oder, weil $(-1)^{\mathfrak{b}|-1} = (-1)^{\mathfrak{b}}.\,1^{\mathfrak{b}|1} = (-1)^{\mathfrak{b}}.\,\mathfrak{b}'$ ist, wenn man zu gleicher Zeit mit $(-1)^n$ multiplizirt,

$$(\mathfrak{C}).\quad \frac{(-1)^n.(m-1)^{n|-1}}{n'} = S.\left[\frac{(-1)^{\mathfrak{a}}.m^{\mathfrak{a}|-1}}{\mathfrak{a}'}\right]_{\mathfrak{a}+\mathfrak{b}=n} = S.[(-1)^{\mathfrak{a}}.m_{\mathfrak{a}}]_{\mathfrak{a}+\mathfrak{b}=n}.$$

Es ist also die Summe der Reihe

$$1-m_1+m_2-m_3+m_4-\ldots\pm m_n = \frac{(-1)^n.(m-1)^{n|-1}}{n'},$$

oder auch $= (-1)^n.(m-1)_n.$

§. 30.

Die Gleichung (§. 29. $\mathfrak{C}$.) läſst sich auch so schreiben:

$$\frac{(1-m)^{n|1}}{n'} = S.\left[\frac{(-m)^{\mathfrak{a}|1}}{\mathfrak{a}'}\right]_{\mathfrak{a}+\mathfrak{b}=n}$$

oder wenn man $-m$ statt m setzt,

$$\frac{(1+m)^{n|1}}{n'} = S.\left[\frac{m^{\mathfrak{a}|1}}{\mathfrak{a}'}\right]_{\mathfrak{a}+\mathfrak{b}=n},$$

das heifst

$$1+\frac{m}{1}+\frac{m(m+1)}{2}+\frac{m(m+1)(m+2)}{2\cdot 3}+\ldots$$
$$+\frac{m(m+1)(m+2)\ldots(m+n-1)}{2\cdot 3\ldots\ldots n}$$
$$=\frac{(m+1)(m+2)(m+3)\ldots(m+n)}{2\cdot 3\ldots\ldots n}.$$

§. 51.

Schreibt man aber den Binomial-Koefficienten $(m-1)_n$ so, nehmlich

$$(P)\ldots\ \frac{m-1}{1}\cdot\frac{m-2}{2}\cdot\frac{m-3}{3}\cdot\frac{m-4}{4}\cdot\frac{m-5}{5}\cdot\ldots\ldots\frac{m-n}{n},$$

so erhellet augenblicklich:

1) Für $m=0$ ist solcher $=\pm 1$; oder $(m-1)_n=\pm 1$.

2) So lange m positiv ist, grofs oder klein, so wird man doch immer n so grofs nehmen können, dafs $m-n$ negativ ist. Bei irgend einem der Faktoren von (P) wird der Uebergang vom positiven zum negativen statt finden; und wäre n nicht gröfser, so hätte offenbar $(m-1)_n$ für diesen Werth von n einen bestimmten endlichen Werth Q. Für jedes folgende n sind aber alle in (P) folgenden negativen Faktoren (absolut genommen) offenbar kleiner als 1 (obgleich sie sich der Einheit desto mehr nähern, je gröfser n wird); folglich ist für jedes gröfsere n der Binomial-Koefficient $(m-1)_n<Q$ (vom Zei-

chen überall abgesehen); also wird der Werth von $(m-1)_n$ nie unendlich, sondern es wird solcher immer kleiner noch, je grösser man n nimmt, so lange nur m positiv ist.

Also convergirt die Reihe

$1-m_1+m_2-m_3+m_4-m_5+\ldots$ in inf.

ganz gewiss, so lange m positiv ist; während sie für $m=0$, der Einheit gleich wird. (§. 29.)

§. 32.

Es ist aber

$1-m_1.z+m_2.z^2-m_3.z^3+\ldots$ in inf $=(1-z)^m$

und deshalb der Werth der Reihe links, so lange sie convergirt, dem Werthe von $(1-z)^m$ nothwendig gleich (§. 14. IX.) Da sie nun convergirt für $z=1$, so lange m positiv bleibt, so ist ihr Werth dann auch allemal

$$=(1-1)^m \text{ d. h. } =0.$$

Es ist also die Summe von unendlich vielen Gliedern der Reihe $1-m_1+m_2-m_3+m_4\ldots$, so lange m positiv ist, nothwendig $=0$.

Aber dieselbe Summe ist $=(-1)^n(m-1)_n$, wenn man n unendlich gross nimmt (§. 29.); folglich allemal

$$(m-1)_n=0, \text{ wenn } m \text{ positiv und } n=\infty.$$

§. 33.

Für $z=1$ und m negativ muss dagegen die Reihe

$$1-m_1.z+m_2.z^2-m_3.z^3+\ldots \text{ in inf.}$$

nothwendig divergiren; denn convergirte sie, d. h. hätte sie einen Werth, so müsste ihr Werth zu gleicher Zeit der von $(1-z)^m$ seyn, für $z=1$ und m negativ.

Da aber in diesem Falle $(1-z)^m$ in $(1-1)^m$ oder 0^m oder ∞ übergeht, so kann demnach die Reihe

$$1-m_1+m_2-m_3+m_4-\ldots \text{ in inf.}$$

nicht convergiren, sondern sie mufs divergiren, so lange m negativ ist. — Die Summe von unendlich vielen ihrer Glieder ist also dann unendlich grofs, also auch dann nach (§. 29.) der Binomial-Koefficient $(m-1)_n$ allemal unendlich grofs, wenn m negativ und $n=\infty$ ist.

§. 34.

Für den Binomial-Koefficienten $(m-1)_n$ oder p_n, wenn man $m-1=p$, also $m=p+1$ setzt, haben wir also folgende Resultate erhalten:

1) Er ist allemal $=\pm 1$, wenn $m=0$ oder $p=-1$;

2) Je gröfser n wird, desto mehr nähert er sich der Null, wenn m positiv oder wenn p zwischen -1 und $+\infty$ liegt; er nähert sich aber desto mehr dem Unendlichen, wenn m negativ oder p zwischen -1 und $-\infty$ liegt, je gröfser n wird.

§. 35.

Für die Convergenz der Reihe

$$1-m_1+m_2-m_3+m_4-\ldots \text{ in inf.}$$

haben wir dagegen erhalten:

1) Sie convergirt allemal, wenn m positiv;

2) Sie divergirt allemal, wenn m negativ.

3) Für $m = 0$, ist die Reihe selbst $= 1$.

§. 36.

Da nun aus

$$1 - m_1 + m_2 - m_3 + m_3 - \ldots \text{ in inf.}$$

diese andere

$$(R) \ldots 1 + m + \frac{m(m+1)}{2} + \frac{m(m+1)(m+2)}{2 \cdot 3} + \frac{m(m+1)(m+2)(m+3)}{2 \cdot 3 \cdot 4} + \ldots \text{ in inf.}$$

hervorgeht, wenn man $-m$ statt m setzt, so ist klar, daſs diese letztere divergirt, wenn jene convergirt, so wie sie convergirt, wenn jene divergirt.

Es convergirt also die Reihe R nothwendig, wenn nur m negativ, übrigens von der Null noch so wenig verschieden ist. — Setzt man ihre Summe $= S$, so hat man

$$\frac{S-1}{m} = 1 + \frac{m+1}{2} + \frac{(m+1)(m+2)}{2 \cdot 3} + \frac{(m+1)(m+2)(m+3)}{2 \cdot 3 \cdot 4} + \ldots \text{ (T)},$$

und es convergirt also auch diese Reihe rechts, die durch (T) bezeichnet seyn mag, allemal, wenn m negativ, übrigens von der Null so wenig verschieden ist, als man nur immer will. Für $m = 0$, geht die Reihe (T) über in die bekannte

$$1 + \tfrac{1}{2} + \tfrac{1}{3} + \tfrac{1}{4} + \tfrac{1}{5} + \ldots \quad \text{(U)}$$

welche bekanntlich divergirt. —

Dividirt man in der Reihe (T) das $n+1^{te}$ Glied $\frac{(m+1)^{n|1}}{(n+1)'}$, durch das n^{te} Glied $\frac{(m+1)^{n-1|1}}{n'}$, so erhält man zum Quotienten

$$\frac{m+n}{n+1}.$$

Dividirt man in der Reihe (U) ebenfalls das $n+1^{te}$ Glied durch das n^{te}, so erhält man

$$\frac{n}{n+1}.$$

Und da die Reihe (T) immer convergirt, so lange m negativ, übrigens von der Null noch so wenig verschieden ist, so scheint jede Reihe nothwendig convergiren zu müssen, in welcher von irgend einem Gliede ab, der Quotient des $n+1^{ten}$ Gliedes durch das n^{te} Glied $< \frac{n}{n+1}$ ist, wenn die Reihe auch lauter positive Glieder hat.*)

§. 37.

Wendet man dies auf die andere Reihe

(V.) $1 + m_1 + m_2 + m_3 + m_4 + \ldots$ in inf.

an, so erhält man zum Quotienten des $n+1^{ten}$ Gliedes durch das n^{te}, $\frac{m_{n+1}}{m_n}$ oder $-\frac{n-m}{n+1}$; und man sieht also dem (§. 36.) zu folge, dass

*) Es scheint sonach die Reihe

$$1 + \tfrac{1}{2} + \tfrac{1}{3} + \tfrac{1}{4} + \tfrac{1}{5} + \ldots \text{ in inf.}$$

gleichsam eine Grenze der Convergenz zu bilden, wenigstens für die Reihen, die lauter positive Glieder haben.

diese Reihe (V.) gewiſs allemal convergirt, so lange m positiv ist; und zwar nicht bloſs diese Reihe an sich, die zuletzt (wenn m positiv) immer Glieder mit abwechselnden Zeichen haben wird, sondern es convergirt auch diese Reihe noch, wenn man alle ihre Glieder positiv nimmt, so lange nur m positiv bleibt.

§. 38.

Ist m negativ und $= -p$ (wo also p positiv angenommen wird), so geht die Reihe (V) oder $S.[m_a]$ über in

$$S.[(-p)_a] = S.\left[(-1)^a . \frac{p^{a|1}}{a'}\right].$$

Sondert man hier alle ungeraden Glieder, und alle geraden von einander ab (dadurch daſs man $2a$ und $2a+1$ statt a schreibt), so erhält man

$$S.\left[(-1)^a . \frac{p^{a|1}}{a'}\right] = S.\left[\frac{p^{2a|1}}{(2a)'}\right] - S.\left[\frac{p^{2a+1}}{(2a+1)'}\right]$$

und wenn man hier die gleichvielten Glieder vereinigt

$$S.\left[(-1)^a . \frac{p^{a|1}}{a'}\right] = S.\left[\frac{p^{2a|1}}{(2a)'} - \frac{p^{2a+1|1}}{(2a+1)'}\right],$$

oder

$$S.(m_a) = S.[(-p)_a] = (1-p).S.\left[\frac{p^{2a|1}}{(2a+1)'}\right],$$

wo in $S.\left[\frac{p^{2a|1}}{(2a+1)'}\right]$ alle Glieder positiv sind, so lange p positiv ist. — Dividirt man hier das $n+1^{te}$ Glied durch das n^{te}, so erhält man

$$\frac{(p+2n-2)\,(p+2n-1)}{2n\;.\;(2n+1)};$$

und dieser Quotient ist noch immer kleiner als $\frac{n}{n+1}$, so lange $p \leqq 1$, also $m \geqq -1$ ist, d. h. entweder $m = -1$, oder m zwischen o und -1 liegt. — Für jeden andern positiven Werth von p, z. B. für $p = 1 + x$, wird derselbe Quotient

$$\frac{(p+2n-2)(p+2n-1)}{2n.\quad(2n+1)} = \frac{[x+(2n-1)](x+2n)}{2n.\quad(2n+1)}$$

$$= \frac{x^2+(4n-1)x+2n(2n-1)}{2n.\quad(2n+1)}$$

und man kann nun die (positiven) Werthe von x suchen, für welche dieser Quotient

$$\frac{x^2+(4n-1)x+2n(2n-1)}{2n.\quad(2n+1)} < \frac{n}{n+1},$$

d. h. $x^2+(4n-1)x < \frac{2n}{+1}$ ist,

und man überzeugt sich leicht, daſs dieser Bedingung für jeden (noch so groſsen) Werth von n, durch keinen (positiven) Werth von x, genügt werden kann.

§. 59.

Die Reihe

$$1 + m_1 + m_2 + m_3 + m_4 + \ldots \text{ in inf.}$$

convergirt also an sich, und auch noch wenn man alle ihre Glieder positiv nimmt, so lange m positiv ist; sie convergirt noch, (aber nicht mehr, wenn man alle ihre Glieder positiv nimmt), wenn m zwischen — 1 und 0 liegt. — Dagegen divergirt sie allemal, wenn m zwischen — 1 und — ∞ liegen sollte.

§. 40.

Da nun in obigen Reihen X und Y oder $S.[m_a.\text{Cos}.(m-2a)x]$ und $S.[m_a.\text{Sin}.(m-2a)x]$ so lange x reel ist, weil dann alle Cosinus und Sinus (absolut genommen) $\leqq 1$ sind, alle einzelnen Glieder gleich oder kleiner sind, als die gleichnamigen Glieder in der Reihe

$$S.[m_a],$$

so werden diese Reihen X und Y, auch wenn man alle ihre Glieder positiv nimmt, folglich um so vielmehr an sich, nothwendig in allen den Fällen convergiren, in welchen die Reihe

$$S.[m_a],$$

wenn man ebenfalls ihre Glieder alle positiv nimmt, convergirt, also wenn m eine ganz beliebige aber positive Zahl ist.

Anmerkung.

Obgleich übrigens $S.[m_a]$ für jeden Werth von m der zwischen — 1 und — ∞ liegt, divergirt (während sie in diesem Falle abwechselnde Zeichen hat), so bliebe doch noch zu untersuchen übrig, ob nicht vielleicht doch die Reihen X und Y für einen solchen Werth von m und für gewisse Werthe von x convergent werden könnten; einmal weil ihre Glieder kleiner sind (abgesehen vom Zeichen) als die gleichnamigen Glieder der Reihe S. $[m_a]$ und dann auch weil die Cosinus und Sinus periodische Zeichen-Aenderungen bewirken.

Aber eben dieser periodischen Zeichen-Aenderungen wegen, besonders aber weil unter den Gliedern, je weiter man fortgeht, immer grössere und grössere und zuletzt unendlich grosse sich vorfinden, für alle Werthe von x für welche die Reihe noch bleibt, glauben wir, einer vorläufig darüber angestellten Untersuchung zu Folge, schliessen zu dürfen, dass auch X und Y allemal divergiren, wenn m einen negativen Werth hat, der zwischen — 1 und — ∞ liegt.

§. 41.

In allen den Fällen aber, in welchen X und Y convergiren, kann man von den Werthen von $(2 \text{Cos.}\, x)^m$ auf die Werthe der allgemeinen Entwicklung (§. 27.):

$$X.\text{Cos.}(\pm 2mn\pi) - Y.\text{Sin.}(\pm 2mn\pi)$$
$$+ \sqrt{-1}\,[X\,\text{Sin.}(\pm 2mn\pi) + Y.\text{Cos.}(\pm 2mn\pi)]$$

mit Nothwendigkeit. und ohne dass man Widersprüche zu befürchten hätte, schliessen.

In allen den Fällen dagegen, in welchen die Reihen X und Y divergiren, ist Y nie der Null gleich, auch wenn m eine negative ganze Zahl seyn sollte, so lange nicht alle einzelneu Glieder verschwinden. — Denn im Allgemeinen ist Y nicht identisch $= 0$ (§. 13.), und ein besonderer Werth von Y kann nicht der Null gleich wer-

werden, so lange nicht dieses Y wirklich einen Werth hat, also so lange Y nicht convergent ist.

Man erhält bekanntlich alle Werthe von $(2\,\mathrm{Cos.}\,x)^m$, wenn man $2\,\mathrm{Cos.}\,x$ absolut nimmt und den reelen positiven Werth seiner m^{ten} Potenz mit allen Werthen von $(+1)^m$ oder $(-1)^m$ multiplizirt, je nachdem Cos. x positiv oder negativ ist. Setzte man nun statt $(+1)^m$ oder statt $(-1)^m$, die gleichgeltenden Ausdrücke

$$\mathrm{Cos}\,(\pm 2mn\pi) + \sqrt{-1}\,.\,\mathrm{Sin.}\,(\pm 2mn\pi)$$

und $\mathrm{Cos.}[\pm(2n+1)m\pi] + \sqrt{-1}\,.\,\mathrm{Sin.}[\pm(2n+1)m\pi]$,

und wollte man dann von dem Werthe dieses n auf den zugehörigen Werth des n in der Formel (§. 27.), unabhängig von den Werthen von x schliessen, so müssten die darauf gegründeten Resultate keineswegs nothwendig richtig seyn, sondern sie werden in der Regel leicht zu bemerkende Widersprüche enthalten. (Vergl. §. 14. und §. 19.).

§. 42.

Nimmt man die Gleichung

$$2\sqrt{-1}\,.\,\mathrm{Sin.}\,x = e^{x\sqrt{-1}} - e^{-x\sqrt{-1}},$$

so hat man

$$(2\sqrt{-1}\,.\,\mathrm{Sin.}\,x)^m = S\,.\,[m_\alpha\,.\,(-1)^\alpha\,.\,e^{(m-2\alpha)x\sqrt{-1}}]$$

oder

$$(2\sqrt{-1}\,.\,\mathrm{Sin.}\,x)^m = S\,.\,[(-1)^\alpha\,.\,m_\alpha\,.\,\mathrm{Cos.}\,(m-2\alpha)\,x]$$
$$+ \sqrt{-1}\,.\,S.[(-1)^\alpha\,.\,m_\alpha\,.\,\mathrm{Sin.}\,(m-2\alpha)\,x].$$

Bezeichnet man diesen Ausdruck rechts durch

$${}_1X + \sqrt{-1}\,.\,{}_1Y$$

so hat man dann auch

$$(2\sqrt{-1}.\,\mathrm{Sin.}x)^m = {}_1X.\mathrm{Cos.}(\pm 2mn\pi) - {}_1Y.\mathrm{Sin.}(\pm 2mn\pi)$$
$$+\sqrt{-1}[{}_1X.\mathrm{Sin.}(\pm 2mn\pi) + {}_1Y.\mathrm{Sin.}(\pm 2mn\pi)],$$

welche Entwicklung ebenfalls ganz allgemein für jedes m gilt.

§. 43.

Ist dagegen m eine ganze positive Zahl, so geht diese allgemeine Formel des (§. 42.) über in

$$(2\,\mathrm{Sin.}x)^m = (-1)^{\frac{m}{2}}.\,S.[(-1)^a.m_a.\mathrm{Cos.}(m-2a)x] = (-1)^{\frac{m}{2}}.\,{}_1X$$

wenn m eine gerade Zahl ist; dagegen in

$$(2\,\mathrm{Sin.}x)^m = (-1)^{\frac{m-1}{2}}.\,S.[(-1)^a m_a.\mathrm{Sin.}(m-2a)x] = (-1)^{\frac{m-1}{2}}.\,{}_1Y$$

wenn m eine ungerade Zahl ist.

§. 44.

Eine andere allgemein gültige Entwicklung von $(2\,\mathrm{Sin.}x)^m$ würde man auch noch aus (§. 27.) erhalten, wenn man daselbst $\frac{1}{2}\pi - x$ statt x setzte, weil dann Cos. x in $\mathrm{Cos.}(\frac{1}{2}\pi - x)$, d. h. in Sin. x übergeht.

Die Reihen ${}_1X$ und ${}_1Y$, oder $S.[m_a.\mathrm{Cos.}(m-2a)x]$ und $S.[m_a.\mathrm{Sin.}(m-2a)x]$ gehen dann über in

$S.[m_a\,\mathrm{Cos.}(m-2a)(\frac{1}{2}\pi-x)]$ und $S.[m_a.\mathrm{Sin.}(m-2a)(\frac{1}{2}\pi-x)]$.

Bezeichnet man diese Reihen durch

${}_2X$ und ${}_2Y$,

so hat man dann

$$(2\,\mathrm{Sin.}x)^m = 1^m \times ({}_2X + \sqrt{-1}\,.\,{}_2Y),$$

oder auch

$$(2\,\mathrm{Sin.}x)^m = {}_2X.\,\mathrm{Cos.}(\pm 2mn\pi) - {}_2Y.\,\mathrm{Sin.}(\pm 2mn\pi)$$
$$+\sqrt{-1}[{}_2X.\mathrm{Sin.}(\pm 2mn\pi) + {}_2Y.\mathrm{Cos.}(\pm 2mn\pi)]$$

welche Entwickelung abermals ganz allgemein gültig ist.

§. 45.

Man kann sich auch hier augenblicklich überzeugen, daſs ${}_2Y = 0$ seyn muſs, so oft m eine ganze positive Zahl ist (§. 2.). — In diesem Falle hat man also bloſs

$$(2\,\mathrm{Sin.}\,x)^m = {}_2X = S\,.\,[m_\alpha\,.\,\mathrm{Cos.}\,(m-2\alpha)(\tfrac{1}{2}\pi - x)].$$

Setzt man hier 2p statt m, so daſs m eine gerade Zahl wird, so hat man

$$\begin{aligned}(2\,\mathrm{Sin.}\,x)^{2p} &= S\,.\,[(2p)_\alpha\,.\,\mathrm{Cos.}\,((p-\alpha)\pi - (2p-2\alpha)x)]\\ &= S\,.\,[(2p)_\alpha.\mathrm{Cos.}p\pi.\mathrm{Cos.}\alpha\pi.\mathrm{Cos.}(2p-2\alpha)x]\\ &= \mathrm{Cos.}\,p\pi.\,S.\,[(-1)^\alpha.(2p)_\alpha.\,\mathrm{Cos.}(2p-2\alpha)x].\end{aligned}$$

Eben so hat man

$$\begin{aligned}&(2\,\mathrm{Sin.}\,x)^{2p+1}\\ &= S.[(2p+1)_\alpha.\,\mathrm{Cos.}\,((p-\alpha)\pi - (2p+1-2\alpha)x + \tfrac{1}{2}\pi)]\\ &= -S.[(2p+1)_\alpha.\,\mathrm{Sin.}\,((p-\alpha)\pi - (2p+1-2\alpha)x)]\\ &= +S.[(2p+1)_\alpha.\,\mathrm{Cos.}\,p\pi\,.\,\mathrm{Cos.}\alpha\pi.\mathrm{Sin.}(2p+1-2\alpha)x]\\ &= +\mathrm{Cos.}\,p\pi\,.\,S.[(-1)^\alpha.(2p+1)_\alpha.\,\mathrm{Sin.}\,(2p+1-2\alpha)x],\end{aligned}$$

welche Resultate genau dieselben sind, die man auch (§. 43.) für denselben Fall erhalten hat.

§. 46.

Wenn aber die durch X und Y bezeichneten Reihen, d. h. die Reihen

$$\mathrm{Cos.}mx + m_1'.\mathrm{Cos}.(m-2)x + m_2\,.\mathrm{Cos.}(m-4)x + \ldots \text{ in inf.}$$

und

$$\mathrm{Sin.}\,mx + m_1\,.\,\mathrm{Sin.}\,(m-2)\,x + m_2\,.\,\mathrm{Sin.}\,(m-4)x + \ldots \text{ in inf.},$$

wie wir (§. 40.) gezeigt haben, für jeden reelen Werth von x convergiren, so lange für m eine beliebige aber positive (rationale oder irrationale) Zahl gesetzt wird, so haben diese so numerisch gedachten Reihen in jedem solchen besondern Fall nothwendig einen bestimmten Werth, der für die erstere Reihe nach (§. 13.) (und wie der Fall $x = \pi$, oder überhaupt $x = \pm(2n+1)\pi$ zeigt) nicht nothwendig $= (2 \text{Cos.} x)^m$, und für die zweite nicht nothwendig $= 0$ ist. Es bleibt also doch noch immer die Aufgabe ungelöſst, den (allemal existirenden) Werth dieser so numerisch gedachten Reihen, für jeden positiven Werth von m, und für jeden beliebigen reelen Werth von x, wirklich zu bestimmen.

Weil diese Aufgabe nicht bloſs ein sehr bedeutendes praktisches Interesse haben dürfte, sondern auch, was wir in diesem Augenblicke vorzüglich berücksichtigen, durch ihre Lösung auf die Theorie der Winkelfunktionen, und insbebesondere auf den hier beachteten Theil derselben, dasjenige Licht geworfen werden würde, durch welches allein die bis jetzt vielbesprochenen oben angedeuteten Schwierigkeiten ganz und völlig aufgeklärt werden dürften, so ist zu Ende dieser Bogen versucht worden, wie solche dem Anschein nach einen etwas feinen Kalkul erfordernde Aufgaben zu behandeln seyn dürften, um erfreuliche Resultate zu erhalten.

Zweite Abtheilung.

Ueber die allgemeine Entwicklung der Sinus und Cosinus der vielfachen Bogen, nach Potenzen von Sinus und Cosinus der einfachen.

§. 47.

Man hat

1) $(\text{Cos.}x + \sqrt{-1}.\text{Sin.}x)^m = \text{Cos.}mx + \sqrt{-1}.\text{Sin.}mx$

2) $(\text{Cos.}x - \sqrt{-1}.\text{Sin.}x)^m = \text{Cos.}mx - \sqrt{-1}.\text{Sin.}mx.$

Addirt man daher oder subtrahirt man, so kommt

3) $2\text{Cos.}mx = (\text{Cos.}x + \sqrt{-1}.\text{Sin.}x)^m + (\text{Cos.}x - \sqrt{-1}.\text{Sin.}x)^m$

4) $2\sqrt{-1}.\text{Sin.}mx = (\text{Cos.}x + \sqrt{-1}.\text{Sin.}x)^m$
$- (\text{Cos.}x - \sqrt{-1}.\text{Sin.}x)^m.$

Nun ist aber nach dem binomischen Lehrsatze

5) $(\text{Cos.}x + \sqrt{-1}.\text{Sin.}x)^m$
$= S.[m_\alpha.(\text{Cos.}x)^{m-\alpha}.(\sqrt{-1})^\alpha.(\text{Sin.}x)^\alpha],$

oder wenn man die ungeraden Glieder, und die geraden zusammennimmt (dadurch, dafs man erst 2α, dann $2\alpha + 1$ statt α schreibt):

6) $(\text{Cos.}x + \sqrt{-1}.\text{Sin}x)^m$
$= S.[m_{2\alpha}.(-1)^\alpha.(\text{Cos.}x)^{m-2\alpha}.(\text{Sin.}x)^{2\alpha}]$
$+ \sqrt{-1}.S.[m_{2\alpha+1}.(-1)^\alpha.(\text{Cos.}x)^{m-2\alpha-1}.(\text{Sin.}x)^{2\alpha+1}].$

Eben so erhält man auch

7) $(\mathrm{Cos.}\,x - \sqrt{-1}\,.\,\mathrm{Sin.}\,x)^m$

$$= S\,.\,[m_{2a}.(-1)^a.(\mathrm{Cos.}\,x)^{m-2a}.\,\mathrm{Sin.}\,x^{2a}]$$

$$-\sqrt{-1}\,.\,S\,.\,[m_{2a+1}.(-1)^a.(\mathrm{Cos.}x)^{m-2a-1}.(\mathrm{Sin.}x)^{2a+1}].$$

Also wenn man die beiden letzten Gleichungen addirt oder subtrahirt:

8) $\mathrm{Cos.}\,mx = S\,.\,[m_{2a}.(-1)^a.(\mathrm{Cos.}\,x)^{m-2a}.\,\mathrm{Sin.}\,x^{2a}]$

und

9) $\mathrm{Sin.}\,mx = S\,.\,[m_{2a+1}.(-1)^a.(\mathrm{Cos.}x)^{m-2a-1}.(\mathrm{Sin.}x)^{2a+1}]$

oder auch

10) $\mathrm{Cos.}\,mx = (\mathrm{Cos.}\,x)^m.\,S\,.\,[m_{2a}.(-1)^a.(\mathrm{tg.}\,x)^{2a}]$

11) $\mathrm{Sin.}\,mx = (\mathrm{Cos.}\,x)^m.\,S\,.\,[m_{2a+1}.(-1)^a.(\mathrm{tg.}\,x)^{2a+1}].$

Und weil diese Entwicklungen bloſs aus dem binomischen Lehrsatze gefolgert sind, der für jedes m gleichmäſsig statt findet, so dürfte man solche Entwicklungen nach dem Beispiele Lagrange's und seiner Nachfolger für allgemeingültig halten, wenn nicht zu berücksichtigen wäre, was (§. 14.) in Bezug auf das Arbeiten mit allgemeinen Potenzen. bemerkt worden ist.

§. 48.

Daſs die im (§. 47.) dargestellten Entwicklungen nicht allgemein gültig sind, erhellet sogleich, wenn in ihnen $\pm 2\mu\pi + x$ statt x gesetzt wird. Denn dann bleiben die Reihen rechts genau dieselben, während Cos. mx und Sin. mx übergehen in $\mathrm{Cos.}(\pm 2\mu\pi + x)m$ und $\mathrm{Sin.}(\pm 2\mu\pi + x)m$, so daſs man dann allgemein hätte

$$\mathrm{Cos.}\,mx = \mathrm{Cos.}\,m\,.\,(\pm 2\mu\pi + x)$$

$$\mathrm{Sin.}\,mx = \mathrm{Sin.}\,m.\,(\pm 2\mu\pi + x),$$

welches inzwischen offenbar nur dann für jeden Werth von x gilt, wenn m eine ganze Zahl ist.

§. 49.

Nach den Principien (§. 14.) ist es auch nicht schwer die Ursache davon zu erkennen. Es sind nehmlich die Gleichungen (1, 2.) und also auch (3. u. 4.) (§. 47.) nur unter der Voraussetzung gültig, daſs die Potenzen

$(\text{Cos.}\, x + \sqrt{-1}\,.\,\text{Sin.}\, x)^m$ und $(\text{Cos.}\, x - \sqrt{-1}\,.\,\text{Sin.}\, x)^m$

einen bestimmten ihrer Werthe vorstellen, wofür nachher nicht jeder beliebige andere derselben Werthe gesetzt werden darf. Die Entwicklungen in (6. u. 7. §. 47.) geben aber rechts auch jedesmal nur einen einzigen der Werthe der Potenzen links an. Indem man nun diese letzteren Werthe statt der allgemeinen Potenzen in (3. u. 4. §. 47.) substituirte, hat man vielleicht gerade andere Werthe für die Potenzen gesetzt, als die sie dort repräsentiren. Der (§. 48.) nachgewiesene Erfolg macht aber diese Vermuthung zur Gewiſsheit.

§. 50.

Will man daher wirklich allgemeingültige Resultate haben, so muſs man die Gleichungen (§. 47. 6. u. 7.) dadurch rechts vervollständigen, daſs man die dortigen Reihen noch mit 1^m, oder die erste mit

$$\text{Cos.}(\pm 2 m n \pi) + \sqrt{-1}\,.\,\text{Sin.}(\pm 2 m n \pi),$$

die andere dagegen mit

$$\text{Cos.}(\pm 2 m \nu \pi) - \sqrt{-1}\,.\,\text{Sin.}(\pm 2 m \nu \pi)$$

multiplicirt, damit, indem n und v noch willkührlich Null oder irgend eine ganze Zahl vorstellen, wenigstens der jedesmalige wahre Werth der Potenzen in den Gleichungen (3. u. 4. §. 47.) noch genommen werden könne. Bezeichnet man nachher die Reihen.

$$S.\,[m_{2a}.(-1)^a.(\mathrm{Cos.}\,x)^{m-2a}.(\mathrm{Sin.}\,x)^{2a}$$

und $S.\,[m_{2a+1}.(-1)^a.(\mathrm{Cos.}\,x)^{m-2a-1}.(\mathrm{Sin.}\,x)^{2a+1}]$,

oder $(\mathrm{Cos.}\,x)^m.S.[m_{2a}(-1)^a.(\mathrm{tg.}\,x)^{2a}]$

und $(\mathrm{Cos.}\,x)^m.S.[m_{2a+1}(-1)^a.(\mathrm{tg.}\,x)^{2a+1}]$

durch P und durch Q,

so erhält man:

$$\begin{aligned}2\,\mathrm{Cos.}\,mx = {} & [(\mathrm{Cos.}(\pm 2mn\pi) + \mathrm{Cos.}(\pm 2mv\pi)) \\ & + \sqrt{-1}\,(\mathrm{Sin.}(\pm 2mn\pi) + \mathrm{Sin.}(\pm 2mv\pi))] \times P \\ & + \sqrt{-1} \times [(\mathrm{Cos.}(\pm 2mn\pi) - \mathrm{Cos.}(\pm 2mv\pi)) \\ & + \sqrt{-1}\,(\mathrm{Sin.}(\pm 2mn\pi) - \mathrm{Sin.}(\pm 2mv\pi))] \times Q\end{aligned}$$

$$\begin{aligned}2\sqrt{-1}.\mathrm{Sin.}\,mx = {} & [(\mathrm{Cos.}(\pm 2mn\pi) - \mathrm{Cos.}(\pm 2mv\pi)) \\ & + \sqrt{-1}\,(\mathrm{Sin.}(\pm 2mn\pi) - \mathrm{Sin.}(\pm 2mv\pi))] \times P \\ & + \sqrt{-1} \times [(\mathrm{Cos.}(\pm 2mn\pi) + \mathrm{Cos.}(\pm 2mv\pi)) \\ & + \sqrt{-1}\,(\mathrm{Sin.}(\pm 2mn\pi) + \mathrm{Sin.}(\pm 2mv\pi))] \times Q\end{aligned}$$

oder

$$\begin{aligned}12)\quad 2\,\mathrm{Cos.}\,mx = {} & (\mathrm{Cos.}(\pm 2mn\pi) + \mathrm{Cos.}(\pm 2mv\pi)) \times P \\ & - (\mathrm{Sin.}(\pm 2mn\pi) - \mathrm{Sin.}(\pm 2mv\pi)) \times Q \\ & + \sqrt{-1}\,[(\mathrm{Sin.}(\pm 2mn\pi) + \mathrm{Sin.}(\pm 2mv\pi)) \times P \\ & + (\mathrm{Cos.}(\pm 2mn\pi) - \mathrm{Cos.}(\pm 2mv\pi)) \times Q]\end{aligned}$$

$$\begin{aligned}13)\quad 2\,\mathrm{Sin.}\,mx = {} & (\mathrm{Cos.}(\pm 2mn\pi) + \mathrm{Cos.}(\pm 2mn\pi)) \times Q \\ & + (\mathrm{Sin.}(\pm 2mn\pi) + \mathrm{Sin.}(\pm 2mv\pi)) \times P \\ & + \sqrt{-1}\,[(\mathrm{Sin.}(\pm 2mn\pi) + \mathrm{Sin.}(\pm 2mv\pi)) \times Q \\ & - (\mathrm{Cos.}(\pm 2mn\pi) - \mathrm{Cos.}(\pm 2mv\pi)) \times P].\end{aligned}$$

Dies nun sind die allgemein gültigen Entwicklungen, welche, wie man sieht, für m eine ganze Zahl in

$$2 \,\mathrm{Cos.}\, mx = P \text{ und } 2 \,\mathrm{Sin.}\, mx = Q$$

übergehen, wie solche (§. 47.) gefunden worden sind. Die Entwicklungen des (§. 47.) gelten also nur, wenn m eine ganze Zahl ist; und für einen negativen ganzen Werth von m, wiederum nicht mehr als allgemeine Identitäten, sondern nur als Werth-Identitäten, und also nur unter der Voraussetzung dafs die vorkommenden Reihen convergent sind. (§. 14.).

§. 51.

In den Entwicklungen (12. u. 13. §. 50.) bedeuten n und v Null oder irgend eine absolute ganze Zahl, welche für jeden besondern Fall, in welchem die Reihen convergiren, so dafs nach ihren Werthen gefragt werden kann, noch besonders bestimmt werden müssen. Wir haben aber bereits früher gesehen, dafs man die Abhängigkeit der n und v von einander im Allgemeinen, unabhängig von den Werthen von x, nicht bestimmen könne, weil, so wie von besondern Werthbestimmungen die Rede ist, die allgemeine Identität aufhört, und dann alles das in seine Rechte treten mufs, was über die besondern Werth-Identitäten aus den Principien des Kalkuls hervorgeht. Diese lehren aber, dafs P, Q, n, und v, also auch x, n und v in einer gegenseitigen, durch die Gleichungen (12. und 13. §. 50.) selbst bedingten Abhängigkeit stehen.

Von diesem letztern kann man sich für den gegenwärtigen Fall auch noch à posteriori überzeugen. Setzt man nehmlich in den Formeln (12. und 13. §. 50.) $2\mu\pi + x$ statt x, so bleiben P und Q und überhaupt die Ausdrücke rechts unverändert, während $2\,Cos.\,mx$ und $2\,Sin.\,mx$ zur Linken in

$$2\,Cos.\,(2\mu\pi + x)m \text{ und } 2\,Sin.\,(2\mu\pi + x)m$$

oder in $2\,Cos.\,2\mu m\pi.\,Cos.\,mx - 2\,Sin.\,2\mu m\pi.\,Sin.\,mx$ und $2\,Sin.\,2\mu m\pi.\,Cos.\,mx + 2\,Cos.\,2\mu m\pi.\,Sin.\,mx$ übergehen. Multiplizirt man nun die so entstehenden neuen Gleichungen beziehlich mit $Cos.\,2\mu m\pi$ und mit $Sin.\,2\mu m\pi$, und addirt oder subtrahirt man hernach die Resultate, so erhält man links abermals $2\,Cos.\,mx$ und $2\,Sin.\,mx$, rechts aber, nach gehöriger Reduction, dieselben Ausdrücke wie (§. 50. 12. u. 13.) nur mit dem Unterschiede, daſs n in $n \pm \mu$, der Buchstabe v dagegen in $v \mp \mu$ übergegangen ist, so daſs also die Abhängigkeit des n von dem v, durch dieses μ selbst geändert, und der Unterschied $n - v$ um 2μ gröſser oder kleiner geworden ist; woraus zugleich das Gesetz dieser veränderlichen Abhängigkeit leicht abzuleiten seyn dürfte.

§. 52.

Statt der Gleichungen (3. u. 4. §. 47.) kann man auch diese setzen

$$14)\ 2\,Cos.\,mx = (\sqrt{-1}.\,Sin.\,x + Cos.\,x)^m + (-\sqrt{-1}.\,Sin.\,x + Cos.\,x)^m$$

15) $2\sqrt{-1}.\text{Sin.}mx = (\sqrt{-1}.\text{Sin.}x + \text{Cos.}x)^m$
$- (-\sqrt{-1}.\text{Sin.}x + \text{Cos.}x)^m.$

Man hat aber nach dem binomischen Lehrsatze

16) $(\sqrt{-1}.\text{Sin.}x + \text{Cos.}x)^m$
$= (\sqrt{-1}.\text{Sin.}x)^m.S.[m_\alpha.(-\sqrt{-1})^\alpha.(\text{Cotg.}x)^\alpha]$

und

17) $(-\sqrt{-1}.\text{Sin.}x + \text{Cos.}x)^m$
$= (-\sqrt{-1}.\text{Sin.}x)^m.S.[m_\alpha.(\sqrt{-1})^\alpha.(\text{Cotg.}x)^\alpha].$

und wenn man in (16. u. 17.) die ungeraden und die geraden Glieder absondert (dadurch, daſs man erst 2α, dann $2\alpha+1$ statt α schreibt), so erhält man:

18) $(\sqrt{-1}.\text{Sin.}x + \text{Cos.}x)^m$
$= (\sqrt{-1}.\text{Sin.}x)^m.(S.[m_{2\alpha}(-1)^\alpha.(\text{Cotg.}x)^{2\alpha}]$
$- \sqrt{-1}.S.[m_{2\alpha+1}.(-1)^\alpha.(\text{Cotg.}x)^{2\alpha+1}])$

19) $(-\sqrt{-1}.\text{Sin.}x + \text{Cos.}x)^m$
$= (-\sqrt{-1}.\text{Sin.}x)^m.(S.[m_{2\alpha}.(-1)^\alpha.(\text{Cotg.}x)^{2\alpha}]$
$+ \sqrt{-1}.S.[m_{2\alpha+1}.(-1)^\alpha.(\text{Cotg.}x)^{2\alpha+1}]).$

Dies in (14. u. 15.) substituirt:

20) $2\,\text{Cos.}mx = (\text{Sin.}x)^m.[((\sqrt{-1})^m + (-\sqrt{-1})^m)._1P$
$- \sqrt{-1}.((\sqrt{-1})^m - (-\sqrt{-1})^m)._1Q]$

21) $2\sqrt{-1}.\text{Sin.}mx = (\text{Sin.}x)^m.[((\sqrt{-1})^m - (-\sqrt{-1})^m)._1P$
$- \sqrt{-1}.((\sqrt{-1})^m + (-\sqrt{-1})^m)._1Q],$

wenn durch $_1P$ und $_1Q$ bezeichnet sind die Reihen

$$S.[m_{2\alpha}(-1)^\alpha.(\text{Cotg.}x)^{2\alpha}]$$

und $$S.[m_{2\alpha+1}(-1)^\alpha.(\text{Cotg.}x)^{2\alpha+1}],$$

wo ferner $(\text{Sin.}x)^m$ einen beliebigen ihrer Werthe bedeutet, wenn man endlich in jedem besondern Falle für die beiden Potenzen $(\sqrt{-1})^m$ und $(-\sqrt{-1})^m$ die jedesmal gehörigen ihrer Werthe setzt; die jedoch von den Werthen von x selbst nach einem bestimmten Gesetze abhängig seyn werden.

Nimmt man statt m eine positive ganze Zahl, so gehen aus diesen allgemeinen Entwickelungen bekannte trigonometrische Relationen hervor.

§. 53.

La grange*) stellt außer den Entwicklungen (§. 47. 8. u. 9.) auch noch folgende auf:

I. $$2\,\text{Cos.}\,mx = (2\,\text{Cos.}\,x)^m - m.(2\,\text{Cos.}\,x)^{m-2} + \frac{m(m-3)}{2}(2\,\text{Cos.}\,x)^{m-4} - \text{etc. etc.} + (2\,\text{Cos.}\,x)^{-m} + m(2\,\text{Cos.}\,x)^{-m-2} + \frac{m(m+3)}{2}(2\,\text{Cos.}\,x)^{-m-4} - \text{etc. etc.}$$

II. $$2\,\text{Sin.}\,mx = [(2\,\text{Cos.}\,x)^{m-1} - (m-2)(2\,\text{Cos.}\,x)^{m-3} + \frac{(m-3)(m-4)}{2}(2\,\text{Cos.}\,x)^{m-5} - \text{etc.}].\,\text{Sin.}\,x - [(2\,\text{Cos.}\,x)^{-m-1} + (m+2)(2\,\text{Cos.}\,3)^{-m-3} + \frac{(m+3)(m+4)}{2}(2\,\text{Cos.}x)^{-m-5} - \text{etc.}]..\,\text{Sin.}x.$$

III. $$\text{Cos.}\,mx = [1 - \frac{m^2}{2}(\text{Cos}\,x)^2 + \frac{m^2(m^2-4)}{2\cdot 3\cdot 4}(\text{Cos.}x)^4 - \frac{m^2(m^2-4)(m^2-16)}{2\cdot 3\cdot 4\cdot 5\cdot 6}(\text{Cos.}\,x)^6 + \text{etc.}].\,\text{Cos.}\frac{m\pi}{2}$$

*) Léçons sur le Calcul des fonctions. Léçon XI.

$$+ \left[m \, . \, \text{Cos.}\, x - \frac{m(m^2-1)}{2 \cdot 3} (\text{Cos.}\, x)^3 \right.$$

$$\left. + \frac{m(m^2-1)(m^2-9)}{2 \cdot 3 \cdot 4 \cdot 5} (\text{Cos.}\, x)^5 - \text{etc.}\right] . \, \text{Sin.} \frac{m\pi}{2}$$

$$\text{IV. Sin.}\, mx = -\left[m \, . \, \text{Cos.}\, x - \frac{m(m^2-4)}{2 \cdot 3} \times \right.$$

$$\left. (\text{Cos.}\, x)^3 + \ldots \right] \text{Sin.}\, x \, . \, \text{Cos.} \frac{m\pi}{2}$$

$$+ \left[1 - \frac{m^2 - 1}{2} (\text{Cos.}\, x)^2 + \frac{(m^2-1)(m^2-9)}{2 \cdot 3 \cdot 4} \times \right.$$

$$\left. (\text{Cos.}\, x)^4 - \ldots \right] \text{Sin}\, x \, . \, \text{Sin.} \frac{m\pi}{2}$$

$$\text{V. Sin.}\, mx = \text{Cos.}\, x \left[m \, . \, \text{Sin.}\, x - \frac{m(m^2-4)}{2 \cdot 3} (\text{Sin.}\, x)^3 \right.$$

$$\left. + \frac{m(m^2-4)(m^2-16)}{2 \cdot 3 \cdot 4 \cdot 5} (\text{Sin.}\, x)^5 + \ldots \right]$$

$$\text{VI. Cos.}\, mx = \text{Cos.}\, x \left[1 - \frac{m^2-1}{2} (\text{Sin.}\, x)^2 \right.$$

$$\left. + \frac{(m^2-1)(m^2-9)}{2 \cdot 3 \cdot 4} (\text{Sin.}\, x)^4 + \ldots \right]$$

$$\text{VII. Cos.}\, mx = 1 - \frac{m^2}{2} (\text{Sin.}\, x)^2$$

$$+ \frac{m^2(m^2-4)}{2 \cdot 3 \cdot 4} (\text{Sin.}\, x)^4 - \ldots .$$

$$\text{VIII. Sin.}\, mx = m \, . \, \text{Sin.}\, x - \frac{m(m^2-1)}{2 \cdot 3} (\text{Sin.}\, x)^2$$

$$+ \frac{m(m^2-1)(m^2-9)}{2 \cdot 3 \cdot 4 \cdot 5} (\text{Sin.}\, x)^4 - \ldots$$

Obgleich aber La grange diese 11te Vorlesung blofs dem Bestreben gewidmet hat, die allgemeine Gültigkeit der hier stehenden Entwickelungen aufser Zweifel zu setzen, so scheint er doch seinen Zweck verfehlt zu haben. Denn setzt man in allen diesen Entwickelungen $\pm 2\mu\pi + x$ statt x, so bleiben die Ausdrücke rechts unverändert, und es müfste dann auch allgemein

$$\text{Cos.}\, mx = \text{Cos.}\,(\pm 2\mu\pi + x)m$$

und

$$\text{Sin.}\, mx = \text{Sin.}\,(\pm 2\mu\pi + x)m$$

seyn, welches offenbar nicht der Fall ist, obgleich solches immer gilt, wenn m eine ganze Zahl.

§. 54.

Befolgt man die (§. 14) angedeuteten Principien des Kalkuls mit der gehörigen Konsequenz, so wird man auch leicht, den Gang der Entwickelungen des La grange verfolgend, überall die Stelle nachweisen können, wo seine Schlüsse aufhören, allgemeine Gültigkeit zu haben. — Nach denselben Principien kann man nachher auch die wirklich allgemein-gültigen Entwickelungen durchzuführen versuchen. — Ferner lassen sich in Bezug auf diese Entwickelungen, wenn man in das Besondere eingeht, sehr interessante Untersuchungen anstellen, welche auf Summationen unendlich vieler numerischer Reihen hinauslaufen, für welche man, diesen Beweisen des La grange zu Folge, ganz andere Werthe bekommen würde, als sie in der That haben. Da wir jedoch in der 4ten Abtheilung dieser Bogen, wie diese Untersuchungen angestellt werden dürften, an einem Falle nachzuweisen bemüht sind, so versparen wir, mehr Details über die vorliegenden Entwickelungen noch mitzutheilen, zu einer andern Gelegenheit.

Dritte Abtheilung.

Summation einiger allgemeinen Reihen.

---

§. 55.

Wir legen uns die Aufgabe vor, die Reihen

$$\begin{matrix}\text{Cos.}\\ \text{Sin.}\end{matrix} n\alpha + \begin{matrix}\text{Cos.}\\ \text{Sin.}\end{matrix} (n+p)\alpha . \frac{z^m}{1} + \begin{matrix}\text{Cos.}\\ \text{Sin.}\end{matrix} (n+2p)\alpha . \frac{z^{2m}}{2'}$$

$$+ \begin{matrix}\text{Cos.}\\ \text{Sin.}\end{matrix} (n+3p)\alpha . \frac{z^{3m}}{3'} + \dots \text{ in inf.}$$

zu summiren, welche Reihen man auch ausdrücken kann durch

$$S. \left[\text{Cos.}(n+ap)\alpha . \frac{z^{am}}{a'}\right] \text{ und } S. \left[\text{Sin.}(n+ap)\alpha . \frac{z^{am}}{a'}\right];$$

und wo n, p, α, z und m beliebige reele oder imaginäre, also ganz allgemeine Ausdrücke bedeuten.

§. 56.

Wir bemerken zunächst, dafs diese anderen Reihen

$$S. \left[\text{Cos.}(n+a\alpha) . \frac{z^{a}}{a'}\right] \text{ und } S. \left[\text{Sin.}(n+a\alpha) . \frac{z^{a}}{a'}\right]$$

in obige allgemeine übergehen, wenn man $n\alpha$ statt n, $p\alpha$ statt α und z^m statt z setzt. Wir

wol-

wollen daher lieber diese letzten einfachern Reihen summiren.

§. 57.

Weil aber

$$2\,\mathrm{Cos.}\,x = e^{x\sqrt{-1}} + e^{-x\sqrt{-1}}$$

und $$2\sqrt{-1}.\mathrm{Sin.}\,x = e^{x\sqrt{-1}} - e^{-x\sqrt{-1}}$$

ist, und man diese beiden Formeln vereint auch so schreiben kann

$$\begin{matrix} 2.\mathrm{Cos.} \\ 2.\sqrt{-1}.\mathrm{Sin.} \end{matrix}\; x = e^{x\sqrt{-1}} \pm e^{-x\sqrt{-1}},$$

so erhält man, dies anwendend, sogleich:

$$\mathrm{S.}\left(\begin{matrix} 2\,\mathrm{Cos.} \\ 2\sqrt{-1}.\mathrm{Sin.} \end{matrix}\,(n+a\alpha).\frac{z^a}{a'}\right)$$

$$= \mathrm{S.}\left(e^{(n+a\alpha)\sqrt{-1}}.\frac{z^a}{a'}\right) \pm \mathrm{S.}\left(e^{-(n+a\alpha)\sqrt{-1}}.\frac{z^a}{a'}\right)$$

$$= e^{n\sqrt{-1}}\mathrm{S.}\left((e^{\alpha\sqrt{-1}}.z)^a\right) \pm e^{-n\sqrt{-1}}.\mathrm{S.}\left(\frac{(e^{-\alpha\sqrt{-1}}.z)^a}{a'}\right)$$

$$= e^{n\sqrt{-1}}.\,e(e^{\alpha\sqrt{-1}}.z) \pm e^{-n\sqrt{-1}}.\,e(e^{-\alpha\sqrt{-1}}.z),$$

weil bekanntlich $\mathrm{S.}\left(\frac{x^a}{a'}\right) = e^x$ ist.

Es ist aber

$$e^{\pm\alpha\sqrt{-1}} = \mathrm{Cos.}\,\alpha \pm \sqrt{-1}.\mathrm{Sin.}\,\alpha,$$

folglich, wenn man dies substituirt,

$$\mathrm{S.}\left(\begin{matrix} 2\,\mathrm{Cos.} \\ 2\sqrt{-1}.\mathrm{Sin.} \end{matrix}\,(n+a\alpha).\frac{z^a}{a'}\right)$$

$$= e^{z.\mathrm{Cos.}\alpha}\left(e^{(n+z\,\mathrm{Sin.}\alpha)\sqrt{-1}} \pm e^{-(n+z\,\mathrm{Sin.}\alpha)\sqrt{-1}}\right)$$

$$= e^{z\,\mathrm{Cos.}\alpha} \times \begin{matrix} 2\,\mathrm{Cos.} \\ 2\sqrt{-1}.\mathrm{Sin.} \end{matrix}\,(n + z\,\mathrm{Sin.}\alpha).$$

Oder

$$1)\ S.\left(\text{Cos.}(n+a\alpha).\frac{z^a}{a'}\right) = e^{z.\text{Cos.}\alpha}.\text{Cos.}(n+z.\text{Sin.}\alpha)$$

$$2)\ S.\left(\text{Sin.}(n+a\alpha).\frac{z^a}{a'}\right) = e^{z.\text{Cos.}\alpha}.\text{Sin.}(n+z.\text{Sin.}\alpha),$$

welches die verlangten Summen sind.

§. 58.

Setzt man hier statt $n,\ \alpha,\ z$

beziehlich $n\alpha,\ p\alpha,\ z^m$

so erhält man

$$3)\ S.\left(\text{Cos.}(n+ap)\alpha.\frac{z^{am}}{a'}\right)$$

$$= e^{z^m\text{Cos.}p\alpha} \times \text{Cos.}(n\alpha + z^m.\text{Sin.}p\alpha)$$

$$4)\ S.\left(\text{Sin.}(n+ap)\alpha.\frac{z^{am}}{a'}\right)$$

$$= e^{z^m.\text{Cos.}p\alpha} \times \text{Sin.}(n\alpha + z^m.\text{Sin.}p\alpha).$$

Und für $p = -1$ und $m = 1$,

$$5)\ S.\left(\text{Cos.}(n-a)\alpha.\frac{z^a}{a'}\right) = e^{z.\text{Cos.}\alpha} \times \text{Cos.}(n\alpha - z.\text{Sin.}\alpha)$$

$$6)\ S.\left(\text{Sin.}(n-a)\alpha.\frac{z^a}{a'}\right) = e^{z.\text{Cos.}\alpha} \times \text{Sin.}(n\alpha - z.\text{Sin.}\alpha).$$

Diese letztern beiden Formeln hat Herr Tralles (Abhandl. d. Berl. Akad. 1820. 21.) mit Hülfe einer *n*fachen Differentiation aus einer besondern Form, für ein ganzes positives *n*, und hernach durch eine *n*fache Integration auch für ein ganzes negatives *n* erwiesen; hier sind sie nur besondere Fälle weit allgemeinerer Reihen und für jedes (reele oder imaginäre) *n* gültig.

§. 59.

Für $n = 0$ ergiebt sich aus (§. 57. 1. u. 2.)

$$7)\ S.\left(\text{Cos.}(a\alpha).\frac{z^a}{a'}\right) = e^{z.\,\text{Cos.}\,\alpha} \times \text{Cos.}\,(z.\,\text{Sin.}\,\alpha)$$

$$8)\ S.\left(\text{Sin.}\,(a\,\alpha).\frac{z^a}{a'}\right) = e^{z.\,\text{Cos.}\,\alpha} \times \text{Sin.}\,(z.\,\text{Sin.}\,\alpha).$$

Und wenn man hier $-z$ statt z setzt;

$$9)\ S.\left((-1)^a.\text{Cos.}(a\alpha).\frac{z^a}{a'}\right) = e^{-z.\,\text{Cos.}\,\alpha} \times \text{Cos.}\,(z.\,\text{Sin.}\,\alpha),$$

$$10)\ S.\left((-1)^{a+1}.\text{Sin.}\,(a\,\alpha).\,\frac{z^a}{a'}\right)$$

$$= e^{-z.\,\text{Cos.}\,\alpha} \times \text{Sin.}\,(z.\,\text{Sin.}\,\alpha),$$

wodurch dieselben Reihen mit abwechselnden Zeichen summirt sind.

§. 60.

Addirt und subtrahirt man aber die Gleichungen (7. und 9.), weil im ersten Falle die ungeraden, im andern dagegen die geraden Potenzen von z wegfallen, so findet sich:

$$11)\ S.\left(\text{Cos.}\,(2\,a\,\alpha).\,\frac{z^{2a}}{(2a)'}\right)$$

$$= \text{Cos.}\,(z.\,\text{Sin.}\,\alpha).\ \frac{e^{z.\,\text{Cos.}\,\alpha} + e^{-z.\,\text{Cos.}\,\alpha}}{2}$$

$$12)\ S.\left(\text{Cos.}\,(2\,a + 1)\,\alpha.\ \frac{z^{2a+1}}{(2a+1)'}\right)$$

$$= \text{Cos.}\,(z.\,\text{Sin.}\,\alpha).\ \frac{e^{z.\,\text{Cos.}\,\alpha} - e^{-z\,\text{Cos.}\,\alpha}}{2}$$

Geschieht dasselbe mit den Gleichungen (8. und 10.), so hat man noch:

$$13)\ S.\left(\mathrm{Sin.}(2a\alpha).\frac{z^{2a}}{(2a)'}\right) = \mathrm{Sin.}(z.\mathrm{Sin.}\alpha).\frac{e^{z.\mathrm{Cos.}\alpha}-e^{-z.\mathrm{Cos.}\alpha}}{2}$$

$$14)\ S.\left(\mathrm{Sin.}(2a+1)\alpha.\frac{z^{2a+1}}{(2a+1)'}\right) = \mathrm{Sin.}(z.\mathrm{Sin.}\alpha).\frac{e^{z.\mathrm{Cos.}\alpha}+e^{-z.\mathrm{Cos.}\alpha}}{2}.$$

§. 61.

Wird in den Gleichungen (11 — 14.) $z.\sqrt{-1}$ statt z gesetzt, und bemerkt man dabei, daſs

$$\frac{e^{x\sqrt{-1}}+e^{-x\sqrt{-1}}}{2}=\mathrm{Cos.}\,x;\ \frac{e^{x\sqrt{-1}}-e^{-x\sqrt{-1}}}{2\sqrt{-1}}=\mathrm{Sin.}x$$

und $\frac{e^{x}+e^{-x}}{2}=\mathrm{Cos.}(x\sqrt{-1});\ \frac{e^{x}-e^{-x}}{2\sqrt{-1}}=\mathrm{Sin.}(-x\sqrt{-1})$

ist, so erhält man, wenn in 12. u. 14. noch durch $\sqrt{-1}$ dividirt wird:

$$15)\ S.\left((-1)^{a}.\mathrm{Cos.}(2a\alpha).\frac{z^{2a}}{(2a)'}\right) = \mathrm{Cos.}(z.\mathrm{Cos.}\alpha).\frac{e^{z.\mathrm{Sin.}\alpha}+e^{-z.\mathrm{Sin.}\alpha}}{2}$$

$$16)\ S.\left((-1)^{a}.\mathrm{Cos.}(2a+1)\alpha.\frac{z^{2a+1}}{(2a+1)'}\right) = \mathrm{Sin.}(z.\mathrm{Cos.}\alpha).\frac{e^{-z.\mathrm{Sin.}\alpha}+e^{z.\mathrm{Sin.}\alpha}}{2}$$

$$17)\ S.\left((-1)^{a}.\mathrm{Sin.}(2a\alpha).\frac{z^{2a}}{(2a)'}\right) = \mathrm{Sin.}(z.\mathrm{Cos.}\alpha).\frac{e^{-z.\mathrm{Sin.}\alpha}-e^{z.\mathrm{Sin.}\alpha}}{2}$$

$$18)\ S.\left((-1)^a . \operatorname{Sin}.(2a+1)\alpha . \frac{z^{2a+1}}{(2a+1)'}\right)$$
$$= \operatorname{Cos}.(z.\operatorname{Cos}.\alpha) . \frac{e^{z.\operatorname{Sin}.\alpha} - e^{-z.\operatorname{Sin}.\alpha}}{2}.$$

Addirt oder subtrahirt man hier wieder die Gleichungen (15. und 18.), desgleichen (16. und 17.), so erhält man neue Reihen, die wiederum alle Potenzen von z enthalten, deren Koefficienten aber abwechselnd Sinus und Cosinus sind, und für welche sich beziehlich die Summen ergeben

$$19)\quad (15)+(18) = e^{z.\operatorname{Sin}.\alpha} \times \operatorname{Cos}.(z.\operatorname{Cos}.\alpha)$$
$$20)\quad (15)-(18) = e^{-z.\operatorname{Sin}.\alpha} \times \operatorname{Cos}.(z.\operatorname{Cos}.\alpha)$$
$$21)\quad (16)-(17) = e^{z.\operatorname{Sin}.\alpha} \times \operatorname{Sin}.(z.\operatorname{Cos}.\alpha)$$
$$22)\quad (16)+(17) = e^{-z.\operatorname{Sin}.\alpha} \times \operatorname{Sin}.(z.\operatorname{Cos}.\alpha).$$

§. 62.

Multiplizirt man die Gleichungen (7. und 8.) beziehlich mit Cos. n und Sin. n, und addirt man die Resultate, so erhält man wiederum die allgemeine Formel (1.). — Desgleichen erhält man die allgemeine Formel (2.), wenn die Gleichungen (7. und 8.) beziehlich mit Sin. n. und Cos. n multiplizirt und die Resultate dann addirt werden.

Man konnte also auch blofs die Reihen (7. und 8.) unmittelbar summiren, und dann auf dem so eben bezeichneten Wege erst die allgemeinen Resultate (1 — 4.) ableiten.

§. 63.

Für $\alpha = 0$ erhält man aus den Gleichungen (15 — 16.) auch noch

$$23)\ \mathrm{S}.\left(\frac{(-1)^{a}.z^{2a}}{(2a)'}\right) = \mathrm{Cos}.\,z$$

$$24)\ \mathrm{S}\left(\frac{(-1)^{a}.z^{2a+1}}{(2a+1)'}\right) = \mathrm{Sin}.\,z.$$

Wird in der Gleichung (7.) $\alpha = 0$ gesetzt, so erhält man die bekannte Gleichung wieder, die wir oben bei der Summation angewandt haben, nehmlich

$$\mathrm{S}.\left(\frac{z^{a}}{a'}\right) = e^{z}.$$

Wir enthalten uns übrigens der Aufzählung fernerer besonderer Zusammensetzungen, die sich leicht noch bilden, da es uns hier vorzüglich um die Aufstellung der Methode zu thun war, durch welche man zu den allgemeinen Resultaten (1. und 2.) und zu noch weit allgemeinern gelangen kann, die wir in der 4ten Abtheilung andeuten wollen.

§. 64.

Sollte die Reihe

$$\mathrm{S}.\left([\mathrm{Cos}.(a\alpha)]^{n}.\frac{z^{a}}{a'}\right)$$

summirt werden, so erhielte man auf demselben hier betretenen Wege, weil

$$[2\,\mathrm{Cos}.(a\alpha)]^{n} = (e^{a\alpha\sqrt{-1}} + e^{-a\alpha\sqrt{-1}})^{n}$$

und dieses wieder, nach dem binomischen Lehrsatze

$$= \mathrm{S}.\left(n_{b}.(e^{a\alpha\sqrt{-1}})^{n-b}.(e^{-a\alpha\sqrt{-1}})^{b}\right)$$

$$= \mathrm{S}.\left(n_{b}.(e^{(n-2b)\alpha\sqrt{-1}})^{a}\right) \text{ ist,}$$

$$2^n . S . \left([\text{Cos.}(a\alpha)]^n . \frac{z^a}{a'} \right)$$

$$= S . \left(\frac{n_b . (e^{(n-2b)\alpha\sqrt{-1}} . z)^a}{a'} \right)$$

$$= S . \left(n_b . e^{(e^{(n-2b)\alpha\sqrt{-1}} . z)} \right),$$

in so ferne man $S . \left(\frac{x^a}{a'} \right) = e^x$ hat.

Da aber

$$e^{(n-2b)\alpha\sqrt{-1}} = \text{Cos.}(n-2b)\alpha + \sqrt{-1} . \text{Sin.}(n-2b)\alpha,$$

so erhält man, wenn man dies substituirt:

$$2^n . S . \left([\text{Cos.}(a\alpha)]^n . \frac{z^a}{a'} \right)$$

$$= S . [n_b . e^{z . \text{Cos.}(n-2b)\alpha} . e^{z . \sqrt{-1} . \text{Sin}(n-2b)\alpha}]$$

und weil $e^{z\sqrt{-1} . \text{Sin.}(n-2b)\alpha}$

$$= \text{Cos.}[z . \text{Sin.}(n-2b)\alpha] + \sqrt{-1} . \text{Sin.}[z . \text{Sin.}(n-2b)\alpha],$$

wiederum

$$25)\quad 2^n . S . \left([\text{Cos.}(a\alpha)]^n . \frac{z^a}{a'} \right)$$

$$= S . [n_b . e^{z . \text{Cos.}(n-2b)\alpha} \times \text{Cos.}(z . \text{Sin.}(n-2b)\alpha)]$$

$$+ \sqrt{-1} . S . [n_b . e^{z . \text{Cos.}(n-2b)\alpha} \times \text{Sin.}(z . \text{Sin.}(n-2b)\alpha)]$$

für jeden Werth von n.

§. 65.

Dasselbe Resultat erhielte man auch, wenn man die Entwickelung (§. 24.) zu Hülfe nimmt, nach welcher man hat

$$2^n . [\text{Cos.}(a\alpha)]^n = S . [n_b . \text{Cos.}(n-2b)a\alpha]$$

$$+ \sqrt{-1} . S . [n_b . \text{Sin.}(n-2b)a\alpha].$$

Gebraucht man dies, so hat man

$$2^n . S.\left([\mathrm{Cos.}(\mathfrak{a}\alpha)]^n . \frac{z^{\mathfrak{a}}}{\mathfrak{a}'}\right) = S.\left(n_{\mathfrak{b}} . \mathrm{Cos.}\mathfrak{a}(n-2\mathfrak{b})\alpha . \frac{z^{\mathfrak{a}}}{\mathfrak{a}'}\right)$$

$$+ \sqrt{-1} . S.\left(n_{\mathfrak{b}} . \mathrm{Sin.}\mathfrak{a}(n-2\mathfrak{b})\alpha . \frac{z^{\mathfrak{a}}}{\mathfrak{a}'}\right),$$

folglich, nach den Gleichungen (§. 7. u. 8.), wenn man statt α, setzt $(n - 2\mathfrak{b})\alpha$, dasselbe Resultat wie (§. 64. n. 25.).

§. 66.

Für n eine positive ganze Zahl, folgt sogleich aus (§. 64. u. §. 65.):

$$26)\quad S.\left([\mathrm{Cos.}(\mathfrak{a}\alpha)]^n . \frac{z^{\mathfrak{a}}}{\mathfrak{a}'}\right)$$

$$= S.[n_{\mathfrak{b}} . e^{z . \mathrm{Cos.}(n-2\mathfrak{b})\alpha} \times \mathrm{Cos.}(z . \mathrm{Sin.}(n-2\mathfrak{b}\alpha))]$$

$$27)\quad 0 = S.[n_{\mathfrak{b}} . e^{z . \mathrm{Cos.}(n-2\mathfrak{b})\alpha} \times \mathrm{Sin.}(z . \mathrm{Sin.}(n-2\mathfrak{b})\alpha)]$$

wo die Ausdrücke rechts endliche Reihen sind, deren Gliederzahl $n + 1$ ist.

Wir enthalten uns für jetzt der weitern Ausführung, die leicht ist, und eilen zur folgenden 4ten Abtheilung.

Anmerkung.

Setzt man

$$1)\quad \varphi(z) = S.\left(\mathrm{Cos.}(\mathfrak{a}\alpha) . \frac{z^{\mathfrak{a}}}{\mathfrak{a}'}\right)$$

$$2)\quad \psi(z) = S.\left(\mathrm{Sin.}(\mathfrak{a}\alpha) . \frac{z^{\mathfrak{a}}}{\mathfrak{a}'}\right)$$

so erhält man leicht, durch Differentiation:

$$3)\quad \frac{d.\varphi z}{dz} = \mathrm{Cos.}\alpha . \varphi(z) - \mathrm{Sin.}\alpha . \psi(z)$$

4) $\frac{d.\psi z}{dz} = \text{Sin}.\alpha.\phi(z) + \text{Cos}.\alpha.\psi(z).$

Und wenn man noch einmal nach z differentiirt:

5) $\frac{d^2\phi(z)}{dz^2} = \text{Cos}.\alpha.\frac{d.\phi(z)}{dz} - \text{Sin}.\alpha.\frac{d.\psi(z)}{dz}$

6) $\frac{d^2\psi(z)}{dz^2} = \text{Sin}.\alpha.\frac{d.\phi(z)}{dz} + \text{Cos}.\alpha.\frac{d.\psi(z)}{dz}.$

Hieraus durch Elimination:

7) $\frac{d^2\phi(z)}{dz^2} - 2\,\text{Cos}.\alpha.\frac{d.\phi(z)}{dz} + \phi(z) = 0$

8) $\frac{d^2\psi(z)}{dz^2} - 2\,\text{Cos}.\alpha.\frac{d\psi(z)}{dz} + \psi(z) = 0.$

Um nun die erste dieser Gleichungen (7.) zu integriren setze man, da sie linearisch ist,

$\phi(z) = e^{mz}$ also $\frac{d.\phi(z)}{dz} = m.e^{mz}, \frac{d^2\phi(z)}{dz^2} = m^2.2e^{mz}$

und die Gleichung (7.) giebt dann

9) $m^2 - 2\,\text{Cos}.\alpha.m + 1 = 0$ oder

10) $m = \text{Cos}.\alpha \pm \sqrt{-1}.\text{Sin}.\alpha;$

folglich die Integralgleichung

11) $\phi z = A.e^{z.(\text{Cos}.\alpha + \sqrt{-1}.\text{Sin}.\alpha)} + B.e^{z(\text{Cos}.\alpha - \sqrt{-1}.\text{Sin}.\alpha)}$

Aber nach (8) eben so

12) $\psi z = C.e^{z(\text{Cos}.\alpha + \sqrt{-1}.\text{Sin}.\alpha)} + D.e^{z(\text{Cos}.\alpha - \sqrt{-1}.\text{Sin}.\alpha)}$

wo nur noch die Constanten zu bestimmen sind.

Weil aber $\phi(z)$ und $\psi(z)$ für $z = 0$ in 1 und 0 übergehen, so hat man aus (11 und 12)

13) $1 = A + B,$ 14) $0 = C + D.$

Für $z = 0$ wird aber nach (3. u. 4.):

$$\frac{d.\varphi}{dz} = \text{Cos.}\,\alpha, \qquad \frac{d.\psi}{dz} = \text{Sin.}\,\alpha$$

folglich, wenn man die Gleichungen (11 und 12.) nach z differentiirt und dann z = o setzt, und die vorliegendeu Gleichungen benutzt

15) $o = A - B$ und 16) $1 = (C - D)\sqrt{-1}$.

Also, wenn man (13 — 16.) verbindet

$$A = B = \tfrac{1}{2} \text{ und } C = \frac{1}{2\sqrt{-1}},\ D = -\frac{1}{2\sqrt{-1}}.$$

Dadurch gehen aber die Gleichungen (11 u. 12.) über in

$$17)\ S.\left(\text{Cos.}(a\alpha).\frac{z^a}{a'}\right)$$

$$= e^{z.\,\text{Cos.}\,\alpha} \times \frac{e^{z.\,\text{Sin.}\,\alpha\sqrt{-1}} + e^{-z.\,\text{Sin.}\,\alpha\sqrt{-1}}}{2}$$

$$18)\ S.\left(\text{Sin.}(a\alpha).\frac{z^a}{a'}\right)$$

$$= e^{z.\,\text{Cos.}\,\alpha} \times \frac{e^{z.\,\text{Sin.}\,\alpha\sqrt{-1}} - e^{-z.\,\text{Sin.}\,\alpha\sqrt{-1}}}{2\sqrt{-1}}$$

so dafs man auf diesem Wege dieselben Resultate erhält, als auf dem vorhergehenden.

Da diese letztere Methode selten die Vorzüge hat, die man ihr zuweilen beizulegen scheint, so ist solche hier nur im Vorbeigehen berührt worden.

Vierte Abtheilung.

Noch eine Summation sowohl allgemeiner als auch numerischer Reihen.

---

§. 67.

Wir haben in der vorhergehenden Abtheilung Reihen summirt, von der Form

$$1 + \frac{\text{Cos.}\alpha}{1} + \frac{\text{Cos. }2\alpha}{2'} + \frac{\text{Cos. }3\alpha}{3'} + \ldots \text{ in inf.}$$

$$\frac{\text{Sin.}\alpha}{1} + \frac{\text{Sin.}2\alpha}{2'} + \frac{\text{Sin.}3\alpha}{3'} + \ldots \text{ in inf.}$$

deren einzelne Glieder noch mit den Potenzen von z multiplizirt seyn konnten. — Nehmen wir nun statt der Potenzen, die Fakultäten von z mit der Differenz — 1.

Es seyen also zu summiren die Reihen

$$\text{S.}\left[\text{Cos.}\,\mathfrak{a}\alpha . \frac{z^{\mathfrak{a}|-1}}{\mathfrak{a}'}\right] \text{ und S.}\left[\text{Sin.}\,\mathfrak{a}\alpha . \frac{z^{\mathfrak{a}|-1}}{\mathfrak{a}'}\right]$$

die wir der Kürze wegen auch durch P und Q bezeichnen wollen.

§. 68.

Man erhält sogleich nach der in der vorhergehenden Abtheilung gebrauchten Methode, weil

$$\begin{matrix} 2\,\mathrm{Cos.} \\ 2\sqrt{-1}\,.\,\mathrm{Sin.} \end{matrix}\; x = e^{x\sqrt{-1}} \pm e^{-x\sqrt{-1}} \text{ ist,}$$

$$S.\left[\begin{matrix} 2\,\mathrm{Cos.} \\ 2\sqrt{-1}\,.\,\mathrm{Sin.} \end{matrix}(\mathfrak{a}\alpha)\frac{z^{\mathfrak{a}|-1}}{\mathfrak{a}'}\right] = S.\left[e^{\mathfrak{a}\alpha\sqrt{-1}}.\frac{z^{\mathfrak{a}|-1}}{\mathfrak{a}'}\right]$$
$$\pm S.\left[e^{-\mathfrak{a}\alpha\sqrt{-1}}.\frac{z^{\mathfrak{a}|-1}}{\mathfrak{a}'}\right].$$

Nun ist aber nach dem binomischen Lehrsatze

$$(1+e^{\pm\alpha\sqrt{-1}})^z = S.[z_{\mathfrak{a}}.(e^{\pm\alpha\sqrt{-1}})^{\mathfrak{a}}]$$
$$= S.\left[\frac{z^{\mathfrak{a}|-1}}{\mathfrak{a}'}e^{\pm\mathfrak{a}\alpha\sqrt{-1}}\right]$$

folglich

$$1)\; S.\left[\mathrm{Cos.}(\mathfrak{a}\alpha).\frac{z^{\mathfrak{a}|-1}}{\mathfrak{a}'}\right]$$
$$= \frac{(1+e^{\alpha\sqrt{-1}})^z + (1+e^{-\alpha\sqrt{-1}})^z}{2}$$

und

$$2)\; S.\left[\mathrm{Sin.}(\mathfrak{a}\alpha).\frac{z^{\mathfrak{a}|-1}}{\mathfrak{a}'}\right]$$
$$= \frac{(1+e^{\alpha\sqrt{-1}})^z - (1+e^{-\alpha\sqrt{-1}})^z}{2\sqrt{-1}}.$$

Weil aber auch

$$e^{\pm\alpha\sqrt{-1}} = \mathrm{Cos.}\,\alpha \pm \sqrt{-1}.\mathrm{Sin.}\,\alpha \qquad \text{ist,}$$

so giebt dies noch

$$3)\; S.\left[\mathrm{Cos.}(\mathfrak{a}\alpha).\frac{z^{\mathfrak{a}|-1}}{\mathfrak{a}'}\right]$$
$$= \frac{[(1+\mathrm{Cos.}\alpha)+\sqrt{-1}.\mathrm{Sin.}\alpha]^z + [(1+\mathrm{Cos.}\alpha)-\sqrt{-1}.\mathrm{Sin.}\alpha]^z}{2}$$

$$4)\ S.\left[\mathrm{Sin.}(a\alpha).\frac{z^{aI-1}}{a'}\right]$$

$$= \frac{[(1+\mathrm{Cos.}\alpha)+\sqrt{-1}.\mathrm{Sin.}\alpha]^z-[(1+\mathrm{Cos.}\alpha)-\sqrt{-1}.\mathrm{Sin.}\alpha]^z}{2\sqrt{-1}}$$

welche Gleichungen für jedes z gelten müssen.

§. 69.

Es ist aber

$$1+\mathrm{Cos.}\,\alpha = 2\,\mathrm{Cos.}\tfrac{1}{2}\alpha.\mathrm{Cos.}\tfrac{1}{2}\alpha$$

$$\mathrm{Sin.}\,\alpha = 2\,\mathrm{Cos.}\tfrac{1}{2}\alpha.\mathrm{Sin.}\tfrac{1}{2}\alpha$$

und zu gleicher Zeit

$$(\mathrm{Cos.}\tfrac{1}{2}\alpha \pm \sqrt{-1}.\mathrm{Sin.}\tfrac{1}{2}\alpha)^z$$

$$= \mathrm{Cos.}(\pm 2n\pi + \tfrac{1}{2}\alpha)z \pm \sqrt{-1}.\mathrm{Sin.}(\pm 2n\pi + \tfrac{1}{2}\alpha)z$$

Mithin gehen die Gleichungen (3. und 4.) über in

$$5)\ S.\left[\mathrm{Cos.}(a\alpha).\frac{z^{aI-1}}{a'}\right] = (2\,\mathrm{Cos.}\tfrac{1}{2}\alpha)^z$$

$$\times\tfrac{1}{2}\left\{\begin{array}{l}\mathrm{Cos.}(\pm 2n\pi+\tfrac{1}{2}\alpha)z+\sqrt{-1}.\mathrm{Sin.}(\pm 2n\pi+\tfrac{1}{2}\alpha)z\\ +\mathrm{Cos.}(\pm 2\nu\pi+\tfrac{1}{2}\alpha)z-\sqrt{-1}.\mathrm{Sin.}(\pm 2\nu\pi+\tfrac{1}{2}\alpha)z\end{array}\right\}$$

$$6)\ S.\left[\mathrm{Sin.}(a\alpha).\frac{z^{aI-1}}{a'}\right] = (2\,\mathrm{Cos.}\tfrac{1}{2}\alpha)^z.$$

$$\times\frac{1}{2\sqrt{-1}}\left\{\begin{array}{l}\mathrm{Cos.}(\pm 2n\pi+\tfrac{1}{2}\alpha)z+\sqrt{-1}.\mathrm{Sin.}(\pm 2n\pi+\tfrac{1}{2}\alpha)z\\ -\mathrm{Cos.}(\pm 2\nu\pi+\tfrac{1}{2}\alpha)z+\sqrt{-1}.\mathrm{Sin.}(\pm 2\nu\pi+\tfrac{1}{2}\alpha)z\end{array}\right\}$$

wo $(\mathrm{Cos.}\tfrac{1}{2}\alpha)^z$ einen beliebigen seiner Werthe vorstellt, während n und ν unbestimmt bleiben, jedesmal Null oder eine ganze Zahl vorstellen, in jedem besondern Falle aber erst bestimmt werden können.

Unter diesen Voraussetzungen sind aber die vorstehenden Gleichungen noch allgemein für jedes z gültig und für jedes α.

§. 70.

Nehmen wir aber an, dafs z eine beliebige positive (absolute) rationale oder irrationale Zahl, und α beliebig reel ist, so convergiren die Reihen zur Linken allemal, wie aus den in der ersten Abtheilung angestellten Betrachtungen über die Convergenz augenblicklich hervorgeht. Dann haben diese Reihen auch allemal einen Werth und der allgemeine Ausdruck zur rechten mufs diesen Werth liefern in jedem Falle.

Um nun diese Werthe zu finden unterscheiden wir die beiden Fälle von einander

1) wenn $\text{Cos.}\frac{1}{2}\alpha$ positiv, wenn also $\frac{1}{2}\alpha$ zwischen die Grenzen $\pm(2\mu-\frac{1}{2})\pi$ und $\pm(2\mu+\frac{1}{2})\pi$ fällt,

2) wenn $\text{Cos.}\frac{1}{2}\alpha$ negativ ist, wenn also $\frac{1}{2}\alpha$ zwischen den Grenzen $\pm(2\mu+\frac{1}{2})\pi$ und $\pm(2\mu+\frac{3}{2})\pi$ liegt.

I[ter] Fall, wenn $\text{Cos.}\frac{1}{2}\alpha$ positiv ist;

§. 71.

Die Gleichungen (5. und 6.) gehen in diesem Falle, weil nun der imaginäre Theil wegfallen, folglich $n = \nu$ genommen werden mufs, über in

$$7)\ S.\left(\text{Cos.}(a\alpha).\frac{z^{a|-1}}{a'}\right) = (2\,\text{Cos.}\tfrac{1}{2}\alpha)^z.\text{Cos.}\,z(\pm 2n\pi+\tfrac{1}{2}\alpha)$$

$$8)\ S.\left(\text{Sin.}(a\alpha).\frac{z^{a|-1}}{a'}\right) = (2\,\text{Cos.}\tfrac{1}{2}\alpha)^z.\text{Sin.}\,z(\pm 2n\pi+\tfrac{1}{2}\alpha),$$

wo $(2\,\mathrm{Cos.}\,\frac{1}{2}a)^z$ seinen absoluten Werth vorstellt, während n entweder Null oder eine ganze positive Zahl bedeutet, die nun noch zu bestimmen übrig bleibt.

§. 72.

Man bemerkt aber leicht, daſs die Reihen P und Q (§. 67.) sich stetig ändern zugleich mit den stetig sich ändernden Werthen von α. Daraus folgt aber, daſs für alle Werthe von $\frac{1}{2}\alpha$, welche zwischen je zwei der zunächstliegenden Grenzen

$+(2\mu-\frac{1}{2})\pi$ und $+(2\mu+\frac{1}{2}\pi)$ oder

$-(2\mu-\frac{1}{2})\pi$ und $-(2\mu+\frac{1}{2})\pi$

genommen werden können, (und für welche die obigen Gleichungen (6. und 7.) dann gelten, wenn nur z positiv ist), der Werth von n unverändert derselbe bleiben muſs, weil im Gegentheil für Werthe von $\frac{1}{2}\alpha$ die zwischen denselben Grenzen liegen, die Werthe der den Reihen gleichen Ausdrücke sprungweise fortgehen würden, diese also den Werthen der Reihen nicht entsprechen könnten, wie solches doch nach (§. 14.) sein muſs.

Kann man daher den Werth von n für irgend einen Werth von α bestimmen, so bleibt dieser Werth derselbe für alle übrigen Werthe von α, die zwischen denselben Grenzen liegen, innerhalb derer jedesmal die Gleichungen (7. u. 8.) gelten.

§. 73.

Nun liegt $\pm 2\mu\pi$ zwischen den Grenzen $\pm(2\mu-\frac{1}{2})\pi$ und $\pm(2\mu+\frac{1}{2})\pi$. Für $\frac{1}{2}\alpha=\pm 2\mu\pi$

erhält man aber aus (7. und 8.), weil

$$S.\left(\frac{z^{aI-1}}{a'}\right) = 2^z \text{ und } \mathrm{Cos.}\,\tfrac{1}{2}\alpha = 1 \text{ ist,}$$

$$2^z = 2^z.\ \mathrm{Cos.}(\pm 2n \pm 2\mu).\pi.z$$

$$0 = 2^z.\ \mathrm{Sin.}(\pm 2n \pm 2\mu).\pi.z;$$

woraus $\pm n = \mp \mu$ folgt.

Da nun für diesen Werth von $\frac{1}{2}\alpha = \pm 2\mu\pi$, der zwischen den Grenzen $\pm(2\mu - \frac{1}{2})\pi$ und $\pm(2\mu + \frac{1}{2})\pi$ liegt, $\pm n = \mp\mu$ ist, so gilt dies für alle Werthe von α zwischen denselben Grenzen.

Man hat also aus (7. und 8.), unter der Voraussetzung daſs z eine beliebige positive (rationale oder irrationale) Zahl bedeutet, für alle Werthe von $\frac{1}{2}\alpha$, die zwischen den Grenzen $\pm(2\mu - \frac{1}{2}\pi)$ und $\pm(2\mu + \frac{1}{2})\pi$ liegen,

$$9)\ S.\left(\mathrm{Cos.}(a\alpha).\frac{z^{aI-1}}{a'}\right)$$

$$= (2\,\mathrm{Cos.}\,\tfrac{1}{2}\alpha)^z.\ \mathrm{Cos.}(\mp 2\mu\pi + \tfrac{1}{2}\alpha).z$$

$$10)\ S.\left(\mathrm{Sin.}(a\alpha).\frac{z^{aI-1}}{a'}\right)$$

$$= (2\,\mathrm{Cos.}\,\tfrac{1}{2}\alpha)^z.\ \mathrm{Sin.}(\mp 2\mu\pi + \tfrac{1}{2}\alpha).z$$

nach welchen Ausdrücken rechts der Werth der Reihen links für jeden Werth von α sehr bequem berechnet werden kann, wenn man nur nicht vergiſst, daſs hier die Potenz $(2\,\mathrm{Cos.}\,\frac{1}{2}\alpha)^z$ ihren absoluten Werth vorstellt, und wenn man μ dem Werthe von α gemäſs nimmt, während z eine beliebige positive Zahl bleibt.

§. 74.

Setzt man in den Gleichungen (9. und 10.) 2α statt α, so erhält man für alle Werthe von α zwischen den Grenzen $\pm(2\mu - \frac{1}{2})\pi$ und $\pm(2\mu + \frac{1}{2})\pi$, und wenn z eine beliebige (rationale oder irrationale) positive Zahl bedeutet:

$$11)\ S.\left(\mathrm{Cos.}(2a\alpha).\frac{z^{a|-1}}{a'}\right)$$
$$= (2\,\mathrm{Cos.}\,\alpha)^z.\,\mathrm{Cos.}(\mp 2\mu\pi + \alpha).z$$

$$12)\ S.\left(\mathrm{Sin.}(2a\alpha).\frac{z^{a|-1}}{a'}\right)$$
$$= (2\,\mathrm{Cos.}\,\alpha)^z.\,\mathrm{Sin.}(\mp 2\mu\pi + \alpha).z,$$

wo μ einen bestimmten, jedesmal dafür zu setzenden Werth hat.

§. 75.

Multiplizirt man die Gleichungen (11. u. 12.) beziehlich mit $\mathrm{Cos.}\,\alpha z$ und $\mathrm{Sin.}\,\alpha z$, und addirt oder subtrahirt man nachgehens die Resultate, so erhält man:

$$13)\ S.\left(\mathrm{Cos.}(z - 2a)\alpha.\frac{z^{a|-1}}{a'}\right)$$
$$= (2\,\mathrm{Cos.}\,\alpha)^z.\,\mathrm{Cos.}(2\mu\pi z)$$

$$14)\ S.\left(\mathrm{Cos.}(z + 2a\ \alpha.\frac{z^{a|-1}}{a'}\right)$$
$$= (2\,\mathrm{Cos.}\,\alpha)^z.\,\mathrm{Cos.}(\mp z\mu\pi + 2\alpha)z$$

Multiplizirt man dagegen dieselben Gleichungen (11. und 12.) beziehlich mit $\mathrm{Sin.}\,\alpha z$ und $\mathrm{Cos.}\,\alpha z$, und subtrahirt oder addirt nachgehens die Resultate, so ergiebt sich noch:

15) $S.\left(\text{Sin.}(z-2\mathfrak{a})\alpha.\frac{z^{\mathfrak{a}I-1}}{\mathfrak{a}'}\right)$

$$=(2\,\text{Cos.}\,\alpha)^z\,.\,\text{Sin.}(\pm 2\mu\pi z)$$

16) $S.\left(\text{Sin.}(z+2\mathfrak{a})\alpha.\frac{z^{\mathfrak{a}I-1}}{\mathfrak{a}'}\right)$

$$=(2\,\text{Cos.}\,\alpha)^z\,.\,\text{Sin.}(\mp 2\mu\pi+2\alpha)z,$$

welche Summationen (13. — 16.) gelten, wenn α zwischen den Grenzen $\pm(2\mu-\frac{1}{2})\pi$ und $\pm(2\mu+\frac{1}{2})\pi$ liegt, und z eine beliebige positive Zahl ist.

Ohne uns in nähere Details einzulassen, betrachten wir sogleich den (§. 70.) erwähnten

II^{ten} Fall, wo $\text{Cos.}\frac{1}{2}\alpha$ negativ ist, wo also $\frac{1}{2}\alpha$ zwischen den Grenzen $\pm(2\mu+\frac{1}{2})\pi$ und $\pm(2\mu+\frac{3}{2})\pi$ liegt.

§. 76.

In diesem Falle soll $|2\,\text{Cos.}\frac{1}{2}\alpha|^z$ den absoluten Werth der Potenz von $2\,\text{Cos.}\frac{1}{2}\alpha$ bedeuten, wenn nicht der negative Werth, sondern der absolute statt $2\,\text{Cos.}\frac{1}{2}\alpha$ genommen wird.

Die Gleichungen (5. und 6.) (§. 69.) gehen für diesen Fall aus den (§. 71.) angegebenen Gründen über,

weil $(\text{Cos.}\frac{1}{2}\alpha)^z = |\text{Cos.}\frac{1}{2}\alpha|^z.(-1)^z$

$$=|\text{Cos.}\tfrac{1}{4}\alpha|^z.[\text{Cos.}(\pm\pi z)+\sqrt{-1}.\text{Sin.}(\pm\pi z)]$$

genommen werden mufs, in

17) $S.\left(\text{Cos.}(\mathfrak{a}\alpha).\frac{z^{\mathfrak{a}I-1}}{\alpha'}\right)$

$$=|2\,\text{Cos.}\tfrac{1}{2}\alpha|^z.\text{Cos.}[\pm(2n+1)\pi+\tfrac{1}{2}\alpha)z$$

$$18)\ S.\left(\text{Sin.}(a\alpha).\frac{z^{aI-1}}{a'}\right)$$

$$=|2\,\text{Cos.}\tfrac{1}{2}\alpha|^{z}.\,\text{Sin.}[\pm(2n+1)\pi+\tfrac{1}{2}\alpha]z,$$

wo n Null oder eine positive ganze Zahl bedeutet, die aber noch bestimmt werden muſs.

§. 77.

Die Betrachtungen des (§. 72.) wiederholend, überzeugt man sich leicht, daſs man den Werth von n nur für einen einzigen Werth von $\frac{1}{2}\alpha$, der zwischen den Grenzen $\pm(2\mu+\frac{1}{2})\pi$ und $\pm(2\mu+\frac{3}{2})\pi$ liegt, bestimmt zu haben braucht, um ihn für alle zwischen denselben Grenzen liegende Werthe zu haben, weil er für alle diese Werthe derselbe bleiben muſs.

Setzt man aber $\frac{1}{2}\alpha=\pm(2\mu+1)\pi$, also $\alpha=\pm(4\mu+2)\pi$, so gehen die Gleichungen (17. u. 18.) über in

$$2^{z}=2^{z}.\,\text{Cos.}[\pm(2n+1)\pi\pm(2\mu+1)\pi]$$

$$0=2^{z}.\,\text{Sin.}[\pm(2n+1)\pi\pm(2\mu+1)\pi];$$

weshalb $\pm(2n+1)=\mp(2\mu+1)$ genommen werden muſs. Folglich hat man für alle Werthe von $\frac{1}{2}\alpha$ zwischen den Grenzen $\pm(2\mu+\frac{1}{2})\pi$ und $\pm(2\mu+\frac{3}{2})\pi$, wenn zugleich z eine beliebige positive Zahl bedeutet:

$$19)\ S.\left(\text{Cos.}(a\alpha).\frac{z^{aI-1}}{a'}\right)$$

$$=|2\,\text{Cos.}\tfrac{1}{2}\alpha|^{z}.\,\text{Cos.}[\mp(2\mu+1)\pi+\tfrac{1}{2}\alpha]z$$

$$20)\ S.\left(\text{Sin.}(a\alpha).\frac{z^{aI-1}}{a'}\right)$$

$$=|2\,\text{Cos.}\tfrac{1}{2}\alpha|^{z}.\,\text{Sin.}[\mp(2\mu+1)\pi+\tfrac{1}{2}\alpha]z$$

wonach der Werth dieser Reihen P und Q für jeden Werth von α der zwischen diesen Grenzen liegt, bequem berechnet werden kann.

§. 78.

Setzt man auch hier 2α statt α, so ergiebt sich:

$$21)\ \mathrm{S.}\left(\mathrm{Cos.}(2a\alpha).\frac{z^{aI-1}}{a'}\right)$$
$$= |2\,\mathrm{Cos.}\,\alpha|^z.\,\mathrm{Cos.}[\mp(2\mu+1)\pi+\alpha].\,z$$

$$22)\ \mathrm{S.}\left(\mathrm{Sin.}(2a\alpha).\frac{z^{aI-1}}{a'}\right)$$
$$= |2\,\mathrm{Cos.}\,\alpha|^z.\,\mathrm{Sin.}[\mp(2\mu+1)\pi+\alpha].\,z,$$

für alle Werthe von α gültig, die zwischen den Grenzen $\pm(2\mu+\frac{1}{2})\pi$ und $\pm(2\mu+\frac{3}{2})\pi$ liegen, wenn dabei z eine beliebige positive Zahl ist.

§. 79.

Verfährt man auch hier wie in (§. 75.), so hat man noch:

$$23)\ \mathrm{S.}\left(\mathrm{Cos.}(z-2a)\alpha.\frac{z^{aI-1}}{a'}\right)$$
$$= |2\,\mathrm{Cos.}\,\alpha|^z.\,\mathrm{Cos.}(2\mu+1).\pi z$$

$$24)\ \mathrm{S.}\left(\mathrm{Cos.}(z+2a)\alpha.\frac{z^{aI-1}}{a'}\right)$$
$$= |2\,\mathrm{Cos.}\,\alpha|^z.\,\mathrm{Cos.}[\mp(2\mu+1)\pi+2\alpha]z$$

$$25)\ \mathrm{S.}\left(\mathrm{Sin.}(z-2a)\alpha.\frac{z^{aI-1}}{a'}\right)$$
$$= |2\,\mathrm{Cos.}\,\alpha|^z.\,\mathrm{Sin.}[\pm(2\mu+1)\pi z]$$

$$26)\ \mathrm{S.}\left(\mathrm{Sin.}(z+2a)\alpha.\frac{z^{aI-1}}{a'}\right)$$
$$= |2\,\mathrm{Cos.}\,\alpha|^z.\,\mathrm{Sin.}[\mp(2\mu+1)\pi+2\alpha]z.$$

Aus diesen Gleichungen erhält man also die Werthe der links stehenden Reihen, für alle Werthe von α zwischen den Grenzen $\pm(2\mu+\frac{1}{2})\pi$ und $\pm(2\mu+\frac{3}{2})\pi$, und für jeden positiven (rationalen oder irrationalen) Werth von z.

§. 80.

Da aber die Reihen links in den Gleichungen (13. und 23. desgleichen 15. und 25.) wenn man x statt α und m statt z setzt, keine andern sind, als diejenigen welche wir im (§. 1.) und in der ganzen 1ten Abtheilung beziehlich durch X und Y bezeichnet haben, so sind also hierdurch auch diese Reihen X und Y, für jeden reelen Werth von x und für jeden positiven Werth von m summirt, welches (§. 46.) noch zu wünschen übrig geblieben war.

Wir finden also, aus den angeführten Gleichungen:

27) $X = (2\,\mathrm{Cos.}\,x)^m \,.\, \mathrm{Cos.}(2\mu\pi m)$

28) $Y = (2\,\mathrm{Cos.}\,x)^m \,.\, \mathrm{Sin.}(\pm 2\mu\pi m)$,

für alle Werthe von x zwischen den Grenzen $\pm(2\mu-\frac{1}{2})\pi$ und $\pm(2\mu+\frac{1}{2})\pi$; — dagegen

29) $X = |2\,\mathrm{Cos.}\,x|^m \,.\, \mathrm{Cos.}(2\mu+1)\pi m$

30) $Y = |2\,\mathrm{Cos.}\,x|^m \,.\, \mathrm{Sin.}[\pm(2\mu+1)\pi m]$,

für alle Werthe von x zwischen den Grenzen $\pm(2\mu+\frac{1}{2})\pi$ und $\pm(2\mu+\frac{3}{2})\pi$; wo in $|2\,\mathrm{Cos.}\,x|^m$ statt 2 Cos. x nur der absolute Werth zu setzen, und von der Potenz auch nur der absolute Werth zu nehmen ist.

Nur mufs in allen Fällen m eine (beliebige) positive (rationale oder irrationale) Zahl seyn.

§. 81.

Geht man hier noch auf specielle Fälle ein, und betrachtet namentlich diejenigen, wo x in den ersten 4 Quadranten liegt, so erhält man

I. Für alle Werthe von x, die im 1ten Quadranten liegen, weil dann $\mu = 0$ ist in (27. u. 28.):

$$X = (2\,\mathrm{Cos.}\,x)^m$$
$$Y = 0;$$

II. Für alle Werthe von x im 2ten und 3ten Quadranten, weil dann in (29. u. 30.) $\mu = 0$ ist,

$$X = |2\,\mathrm{Cos.}\,x|^m \,.\, \mathrm{Cos.}\; m\pi$$
$$Y = |2\,\mathrm{Cos.}\,x|^m \,.\, \mathrm{Sin.}\; m\pi;$$

III. Für alle Werthe von x im 4ten Quadranten, weil dann in (27. u. 28.) $\mu = 1$ ist,

$$X = (2\,\mathrm{Cos.}\,x)^m \,.\, \mathrm{Cos.}\; 2m\pi$$
$$Y = (2\,\mathrm{Cos.}\,x)^m \,.\, \mathrm{Sin.}\; 2m\pi;$$

wenn nur überall m eine positive (rationale oder irrationale) Zahl ist.

§. 82.

Werden die hier betretenen Wege weiter verfolgt, so ist es sehr leicht, 1) noch weit allgemeinere Reihen zu summiren,*) und zugleich wirklich allgemeingültige (d. h. auf jeden beson-

---

*) So konnten z. B. in den Reihen (§. 67.) die einzelnen Glieder nicht blofs mit den Fakultaten von z, sondern zugleich auch noch mit den Potenzen einer neuen veränderlichen y multiplizirt sein, und die Summation gelang noch immer.

dern Fall anwendbare und für jeden solchen besondern Fall richtige Resultate liefernde) Ausdrücke für die Summen zu erhalten; (so wie nach den in der 1ten Abtheilung angewandten Principien auch wiederum wirklich allgemeingültige Entwicklungen der endlichen Ausdrücke erlangt werden); 2) auch im Besondern, aus den allgemeingültigen Entwickelungen oder Summen-Ausdrücken, für jeden besondern Fall wiederum richtige Summen der verschiedenen numerischen Reihen zu erhalten. Dieses letztere scheint für die Anwendung wichtig zu seyn, weil, wenn man den allgemeinen Entwicklungen des La grange und aller derer, die solche wiedergegeben haben, Vertrauen schenkt, ein grofser Theil dieser numerischen Reihen, und unendlich viele Andere, von uns ein Andermal zu betrachtende, einen andern Werth erhalten, als derjenige ist, der sich auf dem hier betretenen Wege ergiebt; während dieser letztere Weg der Theorie des Kalkuls angemessen, und die auf ihm erhaltenen Resultate auch der Erfahrung entsprechend zu seyn scheinen, daher solche als die richtigen anzunehmen seyn dürften.

FSC
www.fsc.org
MIX
Papier | Fördert gute Waldnutzung
FSC® C083411

Zeitfracht Medien GmbH
Ferdinand-Jühlke-Straße 7
99095 Erfurt, Deutschland
produktsicherheit@kolibri360.de